Ferd. Wurzer

Taschenbuch zur Bereisung des Siebengebirges und seiner Umgebung 1805

herausgegeben von
Norbert Flörken

Rechtschreibung und Zeichensetzung sind beibehalten worden, gegebenenfalls sind Namen in der modernen Schreibweise hinzugefügt worden. Die Punkte hinter den einfachen Zahlen, z.B. den Jahreszahlen, sind weggelassen worden. Der Text der Vorlage steht in dieser Serifenschrift, Zusätze und Ergänzungen des Bearbeiters in dieser serifenlosen Schrift. Die Klammern der Vorlage ( ) sind durch { } oder – – ersetzt worden. Streichungen des Herausgebers stehen in ( ), Ergänzungen in [ ]. Fremdsprachige Wörter und Zitate sind *kursiv* gesetzt. Beim Seitenwechsel wurde die anfallende Trennung aufgehoben. Die häufigen Sperrungen bei Eigennamen oder Ortsnamen wurden nicht übernommen. Die Angaben zu Personen, Orten oder Sachen sind dem Portal Wikipedia entnommen.

Impressum

Bibliographische Information der Deutschen Nationalbibliothek:

Die Deutsche Nationalbibliothek verzeichnet diese Publikation in der Deutschen Nationalbibliographie, detaillierte bibliographische Daten sind im Internet über http://dnb.dnb.de abrufbar.

Herstellung und Verlag:
BoD – Books on Demand, Norderstedt
ISBN 9783749429257

MIX

Papier aus verantwortungsvollen Quellen
Paper from responsible sources

FSC® C105338

Taschenbuch[1] zur Bereisung des SIEBENGEBIRGES und der benachbarten zum Theil vulkanischen Gegenden | Von FERDINAND WURZER[2], | Doctor[3] der Medizin, Professor der Chemie etc. zu Bonn, und Mitglied des medizinischen Jury's für das Rhein- und Mosel-Departement; der Römisch-Kaiserlichen Akademie der Naturforscher, der Akademie der Wissenschaften zu Erfurt, der Batavischen Societät der Wissenschaften zu Harlem, der medizinischen Societät zu Paris, der medizinisch-chirurgisch- pharmazeutischen Societät zu Brüssel, der Naturforscher Gesellschaft zu Halle, der physikalischen in Göttingen, der galvanischen zu Paris, der mineralogischen in Jena, der Herzoglichen D. in Helmstädt, und der Societät der Wissenschaften und Künste in Maynz Mitgliede; der Königlichen Societät der Wissenschaften zu Göttingen Correspondent, so wie auch der Société d'Émulation des Rhein- und Mosel-Departments | Köln, bei Keil, [im] XIII. [Jahr der Französischen Republik] – 1805

---

[1] Fundstelle: BSB München, urn:nbn:de:bvb:12bsb100144812.
[2] Biographische Angaben bei (Lauterbach, 2015 S. 13 ff, 106).
[3] Die Abkürzungen im folgenden Abschnitt sind alle aufgelöst worden.

On lit avec peine dans ces antiques médailles de la nature.

Barbaroux.

Sr. Wohlgebornen dem Herrn D. Joh. Friedrich Gmelin, Professor der Chemie etc. zu Göttingen, und Königl. Grossbrit. Hofrath, aus wahrer Hochachtung und Freundschaft gewidmet von dem Verfasser.

Inhalt

Vorrede

Das Studium der Natur, wenn es der Würde unsers Geistes gemäss und nicht zur läppischen Prahlerei {um allenfalls in Gesellschaft den Namen bunter Thiere und Steine hersagen zu können} getrieben wird, ist die Mutter aller wahren Aufklärung, der objective Zweck, für den uns die Natur mit Sinnen und Vernunft begabt hat. Der Geist wird dabei unwillkührlich zu Vergleichungen hingerissen, die, wie Lichtenberg sehr richtig sagt, mit in die Reihe der Begebenheiten gehören, deren sich <vi> der Philosoph nicht zu schämen hat; und die noch obendrein für unsere ganze Lebensreise eben so wohlthätig als wichtig sind.

Vor Allem übertrifft die Geschichte unserer Erde und ihrer erlittenen Revolutionen jeden andern physischen Gegenstand an Grösse und Erhabenheit. – Ein flüchtiger Blick dahinaus reisst jeden denkenden Mann zur Bewunderung, zum Erstaunen hin. Man fühlt sich dabei von Ehrfurcht, fast möchte ich sagen, von Schauder ergriffen. Was könnte uns auch mehr interessiren, als die Geschichte der Kugel, deren Kruste wir zu bewohnen bestimmt sind?

Wenn die Stürme des Oceans und der Atmosphäre ausgetobt haben; <vii> so stellt sich darin Alles wieder her. Es sieht aus, als wenn die Ruhe nie unterbrochen worden wäre. Friedlichkeit und Stille entsteht da bald wieder, wo kurz vorher die Natur in vollem Aufruhr war, und für immer Alles zu vernichten entschlossen schien. Hiebei hat also für uns keine Aufzeichnung der Begebenheiten Statt. Die grosse Gleichförmigkeit der Theile, ihre Flüssigkeit machen jede Aufzeichnung für uns unleserlich. Wir müssen diese also durchaus in den festen Theilen unserer Kugel suchen, die nicht allein durch Form und Lage ihre eigene Geschichte dem aufmerksamen Beobachter erzählen können; sondern die der Flüssigkeiten zum Theil mit; da sie durch Auflösung, Niederschlag etc. Spuren ihrer Einwirkung zurück lassen müssen. <viii> Betrachten wir die Erde unter unsern Füssen; so nehmen wir in einer grossen Tiefe hinab abwechselnde Schichten von Dammerde, Sand, Thon u.s.w. wahr, die grösstentheils horizontal, oder doch wenig geneigt sind. Und wenn auch nicht gerade immer die schweren Schichten unter den leichtern liegen; so liegen doch in jeder Schichte für sich meist die schweren Theile unter den leichten. Die Schichten sind noch obendrein oft mit Schnecken und Muscheln untermischt. – Wer kann hiebei zweifeln, dass unser Boden sich im Wasser gebildet habe? – Erhebt man sich auf die Berge; so wächst unser Erstaunen noch mehr. Hier finden sich nicht bloss dünne Schichten von locker zusammen gekneteten Flussschnecken und Sand, sondern ganze <ix> Familien von versteinerten Seemuscheln im Gesteine über das feste Land der ganzen Erde verbreitet; vom Meere an bis auf eine Höhe von mehr als 13.000 Fuss über seinen gegenwärtigen Spiegel! – Oft liegen mehrere Arten durcheinander; oft auf ungeheuern Strecken nur dieselben Arten in zahllosen Millionen; – bald grosse Granitblöcke in Gegenden, wo man weit umher gar keinen Granit findet; oder Schichten von Massen, die nur Producte des Feuers seyn können, von andern bedeckt, die die unverkennbarsten Spuren einer Entstehung im Wasser an sich tragen; zuweilen Pflanzen der südlichen Halbkugel, bei solchen, die nur im hohen Norden zu Hause sind; grosse vierfüssige Thierknochen, neben denen vom Wallfische; Kohlenflötze von andern <x> Flötzen bedeckt; Amerikanisches Farrenkraut in Gesellschaft mit dem Bambusrohr von Asien und dem Palmbaum aus Afrika. – Die Actenstücke dieser Ereignisse liegen dem Forscher klar vor Augen.

Wie war aber eine solche Revolution möglich? Wie wurde der Friede? Wo war der Mensch, während einem solchen Terrorism der Natur ? – Auf der Stirne dieser Erscheinungen steht es deutlich geschrieben, dass sie nicht – der Zufall gebar. –

Mit Kenntniss der Natur und gezähmter Phantasie behandelt, liegt in Untersuchung dieser Fragen eine unerschöpfliche Quelle von Geistesübung und Vergnügen, deren Genuss durch die wachsende Hoffnung <xi> einst tiefer in die Geschichte der Erde zu dringen, als bis hieher aus menschlichen Denkmählern möglich war, immer von neuem belebt wird.

Freilich haben wir noch wenige der Zeichen entziffert, womit die Natur diese Geschichte so unauslöschlich schrieb. Aber gerade das, däucht mir, macht, dass es des männlichen weisen Strebens werth ist, Alles aufzusuchen, was zur Erläuterung jenes schweren Textes beitragen kann. – Und die schon enträthselten Zeichen, müssen sie nicht unsern Feuereifer immer von Neuem anfachen, die betretene

Laufbahn ferner zu verfolgen; da diese Sache uns und unsern Wohnplatz so nahe angeht?

Zur Wahrnehmung der Einheit im Mannigfaltigen, dem Ziele unserer <xii> frohen Wünsche hebt uns Alle der Genius der Natur empor, wenn wir uns nur anhaltend genug und mit keuschem Blicke der Uneingenommenheit ihr nähern, – Erhabene Einheit im Plane des Weltalls, wer könnte dich auch erkennen? Gewiss keiner, der sich in der Geschichte der Erde einigermassen mit Ernste umgesehen hat? – Und in welch innigem Zusammenhange steht diese Erkenntniss mit grossen für die Menschheit wichtigen Ideen? Die Natur spricht dann in allen ihren Auftritten zu unserer Vernunft; und selbst die Zerstörung hat dann für uns Sprache. – Wir sehen, dass eine rastlose allgewaltige Bewegung über den unermesslichen Kreis der materiellen Welt herrscht, und keinem Wesen Ruhe und Stillstand gönnt, dass rings um uns her Alles in endlosem <xiii> Wechsel schwindet und wieder kommt; dass Orkane, Erdbeben, Vulkane in der Hand der Natur nur das sind, was die Werkzeuge des Feldbaues, was Pflug, Grabscheit und Axt in unsern Händen sind; dass die Regionen, wo Wasser zu Gebirgen erstarrt, wo Feuer in Gebirgsformen flammt, gleich fürchterlich und – wohlthätig sind, gleich fruchtbar im Bilden und im Zernichten. – Bald sehen wir das zertrümmerte Gerippe schrecklicher Felsenmassen sich im Ocean verschlingen; bald wird ein welker Leichenkranz ungeheurer Länder, in deren Busen verzehrende Wuth wüthete, wieder zu friedlichen Gefilden, wo Millionen Wesen des Daseyns Wohl fühlen, und bei wechselnden Reihen des Lebens Reiz geniessen innig und furchtlos. – Herr Hamilton drückt sich <xiv> bereits über die Vulkane sehr schön aus, indem er sagt {Camp. phlegraei,

p. 12.} „*I fllatter myself at least, by these exact representations of so many beautifull Scenes, all of which have been undoubtedly produced by the explosions of Volcanos, that this tremendous Operation of Nature will now be considerd in a* Creative *rather, than a* Destructive *light.*"

Nirgend aber sehen wir den *Circulus aeterni motus* so deutlich, als bei Geologischen Betrachtungen; nirgends so sehr die Geschäfftigkeit der Natur immer Abgründe zu schaffen und wieder auszugleichen, das Moment des Gleichgewichts unaufhörlich wieder herzustellen, was sie in demselben Augenblicke mit eben <xv> so viel Würde störte. – Je größer die Usurpation der Höhe ist; desto grösser ist die Anstrengung der Natur sie wieder zu ebenen; aber auch desto sanfter spiegelt sich der Himmel nach Vollendung eines solchen Kampfes. – Der Frühling erhebt sich lächelnd und verjüngt aus den Stürmen des erstarrenden Winters.

Der Vulkanismus und Neptunismus sind die beiden vorzüglichen Hebel, deren sich die Natur zu Bewirkung ihrer grossen Revolutionen auf unserer Erde bedient; daher die grosse Menge erloschener Vulkane, daher die unübersehbaren Meeresgründe auf dem Erdball. – Aber Alles hat seine Grenze; in der Erweiterung lag die Beschränkung ihrer Herrschaft. – Still und geräuschlos sind sie immer noch <xvi> thätig, bis – endlich durch das gegeneinander wirken der Dinge ein heftiger Kampf von Neuem – nöthig wird. –

Solche Vorstellungen entschädigen uns mit Wucher für den Aufwand aller Mühe, die mit der Erforschung des oft so kleinlich scheinenden Details verbunden ist. – Und wie weit ist es noch, wenn wir auf diesen Standpunkt gekommen sind, um zu sehen, dass in der ganzen Natur nichts todt ist, dass unzählige Millionen hier Hüllen nahmen und ablegten; dass aber der Urstoff ihrer Hüllen noch hier ist, dass er sich nur gefügt hat in neue Formen, angeschlossen an andere Wesen der Erde ?

Und liegt nicht hierhinaus eine unerschöpfliche Quelle von allen dem, – was der Weise hienieden bedarf? – <xvii> Die Natur hat am Rheine, der Einheit unbeschadet, für jeden, der dafür Gefühl hat, auch da die mannigfaltigsten Formen aufgestellt, wo auf den ersten Blick alles todt und leblos scheint; ich glaube daher kein undankbares Geschäfft zu unternehmen, wenn ich meine Landsleute auf unsere Rheingegenden von Neuem aufmerksam zu machen strebe; da die letzten sehr geeignet sind, einen bedeutenden Beitrag zur Geschichte der Erde zu liefern.

Man wirft mir vielleicht ein, dass dieser Gegenstand von de Luc, Voigt[4], Collini, Camper[5], Merk[6], Hamilton etc. und vorzüglich von Nose schon bearbeitet worden ist! Aber der Plan, den diese Herren sich vorgezeichnet haben, war theils sehr ausgedehnt, theils sehr beschränkt, theils wurden <xviii> diese Gegenden nur flüchtig nebenher beobachtet. Ich bin der Meinung, dass eine Schrift, die die merkwürdigsten Gegenstände hier nur andeutet, und einigermassen als mineralogischer Wegweiser dienen könnte, nicht überflüssig sey. Mein

---

[4] Johann Karl Wilhelm von Voigt (* 20. Februar 1752 in Allstedt; † 2. Januar[1] 1821 in Ilmenau) war ein deutscher Mineraloge und einer der Hauptgegner der Wernerschen Lehre vom Neptunismus im Basaltstreit; Verfasser mehrerer Schriften (1782-1821) zur Mineralogie.

[5] Peter Camper oder Pieter Camper, latinisiert Petrus Camper (* 11. Mai 1722 in Leiden; † 7. April 1789 in Haag), war ein niederländischer Mediziner, unter anderem Anatom, und Botaniker.

[6] Johann Anton Merck (* 9. September 1756 in Darmstadt; † 1. Juni 1805 ebenda) war ein deutscher Apotheker.

verehrungswürdiger Freund, der Herr geheime Legationsrath Nose, dessen orographische Briefe über das Sieben-Gebirge immer ein vorzüglich classisches Werk bleiben werden, ist auch dieser Meinung, und forderte mich hiezu selbst wiederholtermalen auf. Sein Werk, das durch die Sachkenntniss und Genauigkeit des Sehers bisher einzig ist, und jedem, der diese Gegend mit Ernst und gründlich studieren will, durchaus unentbehrlich ist, kann schon der Reisende wegen seiner Voluminosität nicht auf der Reise selbst <xix> gebrauchen; so wesentlich es ist ihm bei'm Ruminiren über das Gesehene am Studierpulte wird. – Man kann daher meine Schrift gewissermaßen, als einen Auszug aus diesem Werke mit mancherlei Zusätzen und Weglassungen, so wie sie mir meine theilweise öfter gemachten Reisen in diese Gegenden zu erheischen schienen, ansehen. –

Nach diesem Plane durfte ich also bei jedem Gegenstande mich nur kurz fassen. – Alles zu erschöpfen könnte in diesen reichhaltigen Gegenden ohnedies nur der Glückliche, dem das Schicksal vergönnt hat, Monate und ich möchte sagen, Jahre lang diese Gegenden mit Musse durchwandern zu können.

Da die Natur des Basaltes noch nicht ergründet ist und die geognostischen <xx> Verhältnisse dieser Gebirgsart noch zum Theil ein Gegenstand der Uneinigkeiten unserer besten Geognosten geblieben sind, und sogar unter denen, welche {die mir wahrscheinlichere Meinung} den neptunischen Ursprung des Basaltes vertheidigen, eine grosse Verschiedenheit herrscht; so habe ich bloss erzählt, um dem Urtheile des Lesers gar nicht vorzugreifen.

Ausserordentlich auffallend ist es auch mir, dass der Regel nach die französischen, italienischen und spanischen Mineralogen {was ich oft zu sehen Gelegenheit habe} sich selten von ihren vulkanischen Ideen trennen können; da im Gegentheile die Mehrheit der Mineralogen in Deutschland an der neptunischen Natur des <xxi> Basaltes seit schon geraumer Zeit nicht mehr zu zweifeln scheint, und ihr fast unbedingt huldigt. –

Bei dieser Gelegenheit kann ich nicht umhin, meine Verwunderung freimüthig zu bekennen, dass man selbst in Deutschland den in den Niederrheinischen Schriften des Herrn Nose niedergelegten wichtigen Dingen für die Lehre des Vulkanismus so wenig Aufmerksamkeit bis hieher geschenkt hat. Diese Dinge sind nach meinem Dafürhalten folgende:

1. Der Canon über die Laven-Diagnostik überhaupt, der sich allseitig bestätigt hat, und wie ich glaube, für immer ein sicheres und unerschütterliches Regulativ für jedes Urtheil über Laven, Erdschlacken, vulkanische <xxii> Producte u.s.w. seyn und bleiben wird.

2. Die Entstehung des Bimsteines insbesondere {als einer einzelnen Lavaart} Mineralogisch und Chemisch erwiesen – aus Pechstein {der blasigen Abart nach} und aus Obsidian {der fasrigen Abart nach} – nach so vielen Bemühungen endlich ausgemittelt in seinem Folianten über Dolomieu's Sammlung.

3. Die bisher unbekannte und dennoch so äusserst wichtige an den Niedermennichter Steinbrüchen genugsam erwiesene Angabe des Wirkens des vulkanischen Feuers von oben nieder {ähnlich der sogenannten Destillation *per Descensum*} was man vorher immer nur entgegengesetzt annahm, nämlich als von unten herauf. <xxiii> Dies Alles ergab unser Rhein! Und doch achtete man bis zur Stunde so wenig {oder außer einigen Recensionen} gar nicht darauf! Noch immer leiert

man das alte Lied von dem Lavengewirre ab; man deutet nirgend hin auf den so äusserst lichtvollen Punct der Bildung der Laven aus Thonschiefer, Basalt, Porphyr {zu welchem letzten auch grösstentheils der Pechstein und Obsidian gehört} und einigen vesuvischen Gebirgsarten. – Man spricht nie von Basalt-Laven, Porphyr-Laven u.s.w. und erhält eben dadurch nicht einen klaren, reinen, genetischen Begriff von dem Urbilde {Archetyp} der vulkanischen Fossilien. Kurz, die Theorie des Vulkanismus bleibt einseitig lahm und naturwidrig, ohne die Ausstellung des Winkens von oben hinunter, <xxiv> und so lange die obigen Puncte nicht in die integrirende Reihe ihrer Theile mit aufgenommen werden.

Möchte doch das Mineralogische Publikum durch diese Schrift von Neuem auf jene Dinge aufmerksam gemacht werden!

Geschrieben am 13ten Therm[idor des Jahres] XII. – 1ten Aug. 1804.

Erster Abschnitt.

Oestliche Rheinseite.

<1> Die Gebirgskette, die sich durch Thüringen, Fulda und die Wetterau bis an den Rhein erstreckt, endigt sich gerade oberhalb Bonn in dem so genannten Siebengebirge, welches so majestätisch seine hohen Gipfel emporhebt, dass man es bei Frankfurt, zu Neuss, zu Düsseldorf, und hinter Olpe deutlich sehen kann. Von Herrn de Luc wird es die ›Bonner Alpen‹ genannt. – Die südlichen Zweige des hessischen Gebirges setzen über den Rhein fort, und gehen in die vogesische Kette über. – Bonn liegt nun andern untern Ende jenes engen und über alle Beschreibung romantischen Thales, das sich unter Bingen öffnet, und dessen <2> ganzen Boden der, durch die rechts und links ihn begleitenden Bergreihen, gedrängte Rhein schier überall einnimmt. – Die Lage dieser Stadt hätte die erhabenste Phantasie vielleicht nicht mahlerischer angeben können.

Das Siebengebirge besteht aus weit mehr, als sieben Bergen; aber da man ihrer nur sieben in fernen Gegenden in einer Reihe liegen sieht, so entstand wahrscheinlich dieser Nahme. Sie sind folgende: 1. Der Stromberg, oder Petersberg; 2. der Drachenfels; 3. die Wolkenburg; 4. der grosse Oelberg; 5. der Breiberich; 6. die Löwenburg; 7. der Hemmerich.

Die eigentlichen Sieben Berge erstrecken sich ungefähr von Königswinter bis Honnef. – Unter den Anwohnern sind sie meist nur wegen allerhand Gespensterhistörchen berühmt.

[Limperich, Küdinghoven etc.]

Der erste und äusserste Berg der Siebengebirgs-Promontorial-Kette ist der Finkenberg, <3> er liegt nordöstlich, eine halbe Stunde oberhalb Bonn auf dem rechten Rheinufer, und bildet eine isolirte, mit niedrigem Gesträuche bewachsene, ein paar hundert Fuss hohe allmählig anlaufende, oben aber etwas scharfe Kuppe. Mit Inbegriff zweier niedrigen Anhöhen streicht sie in einer Läng von etwa 300 Fuss von Abend gegen Morgen. Beim Aufsteigen bemerkt man viel aufgehäuftes basaltisches Dammgerülle, und hin und wieder anstehenden, unförmlichen Basalt.

Das Gestein dieses Berges erscheint dem blossen Auge als ein Basalt von der gewöhnlichen schwarzgrauen Farbe, der auf den Klüften oder in losen, der Witterung ausgesezt gewesenen Stücken, in die schmutzigrothe oder leberbraune Farbe übergeht. Der Bruch des unangegriffenen Gesteines ist dicht und eben, bei andern uneben, von schaligen, zuweilen kugelichten, abgesonderten Stücken; auf den Magnet wirkt keins von beiden. Eingesprengt liegen häufig <4> schwach meergrünlich, oder gelblichweisse, rhomboidalische, vieleckige, rundliche Parthien von verschiedener Grösse, die sich bald dem Lavaglase nähern, bald dem Gemein-Feldspath gleichen, in der Verwitterung gelblich werden, und dann in eine röthliche, braune, erdige Substanz übergehen; so wie das Ganze auf der Oberfläche in einer aschgrauen an der Zunge klebenden Thonart verwittert, aus welcher dann die schwarzen Blendekrystallen, die die Hauptmasse, obwohl gar nicht häufig führt, unverändert hervorragen.

Am südlichen Fusse des Finkenberges liegt das Dorf Limperich. Südöstlich das Dörfchen ›auf der Streffe‹ genannt, und von diesen Seiten ist das Land bis an den Rhein mit Weingärten, Getraidearten und Obstbäumen in einem ziemlich sandigen Boden bebaut. Der nördliche Abhang endiget sich in eine Fläche, auf welcher nicht weit von dem Berge ein Kloster {Pützchen} liegt, zu dem man häufig wallfahrtet, um <5> bei Augenkrankheiten an dem dort befindlichen miraculösen Wasser Hilfe zu suchen. Möchte doch dies Wasser die Eigenschaft haben, dem vornehmen und gemeinen Pöbel die Augen zu öffnen! – Auf der Heidenfläche nach dem Finkenberge zu brechen Basalte.

Oestlich liegt der etwas höhere Berg Etnich; dieser ist fast ganz nackt, besteht aus Sand mit kleinen Quarzgeschieben. Auf der nördlichen Seite läuft er in die Ebene, worin das Pützchen liegt. Gegen Süd zieht er sich halb zirkel förmig gebogen etwas zusammen, und fällt in zwei sanften Abhängen allmälig dem Rheinufer nach dem Dorfe Küdenkoven zu. Am westlichen Fusse des Etnicher Thals da, wo sich der Rückersberg erhebt, liegt die Kommenderie Ramersdorf. Hier trifft man viele Geschiebe, auch ganze Blöcke von Basaltporphyr verwittert und unverwittert an, wovon die Mauern dieser teutschen Ordens-Kommenderie, wie überhaupt alles Mauerwerk in dieser Gegend aufgewühlt ist. Je mehr man den <6> Rückersberg hinansteigt, desto verwitterter wird das Gebirge, so dass es auf den höchsten Parthien ein Gestein ohne besondere Gestalt, zuweilen kugel- oder tafelförmig, bald mit mehr, bald mit wenigerm Gerülle, oder verwitterter lehmähnlicher Erdart ausmacht; an den kahlen Stellen, auf die man zuweilen trifft, sieht man irreguläre, nicht sehr dicke, von Südwest nach Nordost tonnlegig einschiessende Schichten. Steigt man nach dem Heisterbacher Hofe zu, diesen Berg hinab, so bemerkt man ziemlich tief unten einige Wasserbehälter und Brunnen, die ein trübes, milchiges, opalisirendes Wasser führen, und aus den Ritzen des sich stets ähnlich bleibenden, jedoch festern Gesteines hervorkommen.

Betrachtet man die Lage dieses Berges von der Mittagsseite, so ergiebt sich, dass aus dem nördlichen Theile des Etnicher Sandberges der etwas gesenkte Rückersberg hinansteigt, und zwar mit einem breiten gedehnten, verschiedentlich abgesetzten Rücken. – <7> Der etwas höhere Leyberg ist nur durch eine nicht sehr beträchtliche Schlucht vom Rückersberge getrennt, der auch wegen der in seinem Gebüsche häufig nistenden Krähen {die man dort auch Raben heisst}, die Raben-, und wegen des nahe dabei liegenden Orts Ober-Cassel, die Casseler-Ley von den Einwohnern genannt wird. Er zeigt von dieser Seite einige beträchtliche nackte Parthien eines halb in Lehmen verwitterten Basalts; an ihn legt sich der noch höhere Kuckstein an.

Alle die bis hieher genannten Ortschaften liegen von der Sieg südwestlich ab. – Ziemlich hoch hinauf am Rückers- oder Leyberge befinden sich Weinberge und Kornfelder bis unmittelbar an den Rhein. Ungefähr bis an die Mitte des Leyberges verläuft sich diese Südseite in ein schmales Thal, das sich aber bald wieder erhebt, und dann nach der Ebene abläuft. Nahe am Fuss dieses zweifachen Absatzes, den man in der Ferne nicht wahrnimmt, liegt das Dörfchen <8> Hosterbach; geht man weiter am Fusse dieser Berge durch Büchel nach

Ober-Dollendorf zu, so zeigen sich die nackten Stellen des Leyberges und die seltnern kleinern des Kucksteins schroffer. Aus der kleinen Vertiefung des letztgenannten, worin ein Fussweg befindlich ist, der nach der Fläche zuführt, erhebt sich gegen Südost der niedrigere mehrfach abgesetzte Bruchberg, der auch Pfaffenberg genannt wird. In Süden hängt er mit der Haart zusammen.

Zwei Abänderungen des Basaltporphyrs finden sich auf dem Rückersberge; die erste Sorte ist von krummschaligen oder grobkörnigen, abgesonderten Stücken. Der schwarzgraue Grund desselben ist oft mit sehr kleinen hellgrauen Theilchen, gleich darauf gestreutem Sande, bedeckt. Das blosse Auge bemerkt dieselbe schon zum Theil in dem sonst gleichförmigen Grunde; ausserdem noch sehr kleine schimmernde Punkte und sehr einzeln gelbe Glaskörner. Zuweilen setzt auch ein ähnliches grünes, <9> graues, hornfarbiges, schmales Trümchen durch das Gestein, in meist geraden, oder nach stumpfen Winkeln gebogenen Streifen hindurch.

Die zweite Abart des Rückersberger Gesteines ist von grauschwarzer Farbe, im Bruche dicht, grobsplitterig, im Grossen hingegen schieferartig, also ein wahrer Basaltschiefer.

Das Gestein des Leyberges gleicht ganz dem Rückersberger Basaltporphyr; eben so verhält es sich mit dem Kuckstein, an dessen Fusse die nämliche Gebirgsart zu finden ist; auf diesem liegt ein 10 Fuss mächtiges Lager von verwittertem Basalt, dann erscheint wieder fester Basalt, darauf abermals eine Lage verwitterter, und dies wechselt dreimal miteinander ab. Diese Bänke streichen von Nordwest nach Südost. Das verwitterte Gestein ist bläulichgrau oder schmutziggelb, – von grob- oder kleinkörnigen, abgesonderten Stücken, erdig, sanft,

<10> etwas fett anzufühlen. Die Hauptmasse durchziehen gelbe oder auch röthliche Parthien. Oft durchschlängelt das Ganze bald in dünnen, krummlinigen Schichten, bald fleckweise, nach Art und Massgabe der Verwitterung, ein wachs- oder grüngelber, an den Kanten durchscheinender, fettig anzufühlender Stoff, der im Bruche splitterig, in's ebene, auch wohl muschliche übergehend ist, specksteinartig zu seyn scheint, und auf die Mischung des Muttergesteins selbst hindeutet. – Geht es mit der Verwitterung weiter, so wird die Farbe der Grundmasse heller, weiss oder hellgrau, die Oberfläche trockener, der Bruch erdiger, das Ganze um vieles leichter, und das Gewebe löcherig, bimsteinähnlich. Die weichen ähnlichen Massen erscheinen ausgehöhlt, blättern sich wie ein austrocknender Thon in krummen Schalen, bedecken sich mit einem sehr dünnen, bald gelben, bald braunen trocknen Ueberzuge, oder sie verschwinden ganz. – Wenn man nicht Stücke vorfände, die von aussen zwar porös sind, <11> inwendig dennoch kenntlich Basalt zeigten; so könnte man das Ding leicht Lava-Schlacke nennen. – Das oberste Lager des verwitterten Basalts am Kuckstein bedeckt ein 8 – 9 Fuss hohes Lager von Quarzgeschieben und Sand.

Der Rückersberger Basalt verwittert auf ähnliche Weise; die Wachsmasse ziert sich zuweilen mit eisenschwarzen, etwas groben Dendriten, und effloreszirt in einem ochergelben, erdigen Beschlag. Die Rückers- und Leyberger hornquarzigen Basalte übrigens in recht gesunden Proben, und nach gewisser Richtung des Bruchs betrachtet kommen manchen Basaltporphyren nahe genug, um nicht, wegen der starken Aehnlichkeit des basaltischen Feldspaths darin mit dem gemeinen verwechselt zu werden. Der nahe bei liegende Hungerberg ist auch basaltisch, enthält auch etwas grün- und bräunlichgelben spāthigen Eisenstein, und überdies ein gelblich-weisses Email, das eine Chalcedon-Art ist.

Der Fuhrweg, der in der Vertiefung, die den Kuckstein vom Bruchberge scheidet, <12> befindlich ist, durchschneidet eine auf beiden Seiten 10 Fuss hohe, verwitterte, basaltähnliche Masse, die in der Linie des aufgelösten Kucksteingebirges streicht, und in der Hauptsache das nämliche ist. Sie macht auch eine graulich oder gräulichgelbe, weiche, fettige Substanz aus, von körnigen abgesonderten Stücken, mit weissen eingesprengten Körnern. Am Abhange nach dem Rheine zu in der Mitte zeigt der Bruchberg grobschiefrigen Basaltporphyr, dem zuvor beschriebenen vollkommen ähnlich, doch nicht in ganzen Felsen. Auf der Höhe, die mit 6 – 7 Fuss hohen Quarzgrunde bedeckt ist, ist ein Steinbruch bearbeitet, der dichte, irreguläre, durchschnittene Basalttafeln, von ungefähr anderthalb Fuss breite und 6 Zoll dicke liefert, die bei feuchter Oberfläche ein sehr gedrungenes, ebenes Gewebe zeigen, in welchen der Feldspath ganz klein und oft unkenntlich ist, wenn er nicht, wie aber oft geschieht, in grössern Scheiben darin liegt. Unter dieser Gestalt nähert sich das Gestein schon <13> den Horn-Quarzporphyren; auch gibt es am Stahle etwas lebhaftere Funken, wie die übrigen aus dieser Gegend. In manchen Proben dieses Berges ist der Basalt von so feinem Korn, der Bruch im Grössern oft so eben, und von daraus in das flach- und breitmuschlige übergehend, der Inhalt grösstentheils so klein und einzeln, dass sich das Ganze gewissen Hornsteinarten nicht wenig nähert.

Geht man von Ober-Dollendorf durch den Hohlweg, einen etwa 400 Schritte hohen schieferigen Sandsteinhügel hinauf, dessen

Schichten ihre Richtung gegen den Petersberg haben, so sieht man auf ihm sich eine sanfte, allmählig gegen die Haart ansteigende, 600 Schritte hohe Fläche erheben, deren genauere Untersuchung Dammerde und Gesträuche verhindern; die hier und da ausstehenden Grenzsteine sind von Basalt; nunmehr bildet das Gebirge eine rundliche, isolirte, gedehnte Kuppe, an deren nordwestlicher dicht- und hoch bebuschter Seite keine entblößten Stellen anzutreffen <14> sind; hin und wieder ragen Basaltblöcke hervor. Steigt man an der östlichen Seite dieser Kuppe hinab nach dem Petersberge hinzu, so sieht man, dass die Haart nur durch ein kleines Thal, worin der Heisterbach fliesst, von demselben getrennt ist, und gelangt an eine Stelle, wo man Trass zu graben versucht hat. Gegen Ober-Dollendorf zu am südwestlichen und am westlichen Abhange erstrecken sich die nämlichen, nur niedrigem Sandsteinhügel, bis ins Thal; auch machen sie das Vorgebirge der nördlichen Seite des Petersberges aus, so wie sie gen Nordost ins Siegthal hinabsteigen. Der Basalt der Haart gleicht dem vom Bruchberge ganz. Seine Annäherung zu gewissen Hornsteinarten {bei einem Muster mehr, als beim andern} ist nicht zu erkennen; der diesortige erscheint bei dem häufigen, meist sehr kleinen und krystallinischen Inhalt, schimmernder.

Geht man von Ober-Dollendorf in den sanft hinan laufenden Hohlweg, die das Fuhrwerk zwischen den Sandstein-Schieferhügeln <15> gebildet hat, eine halbe Stunde fort, so erreicht man das ehemalige Bernardinerkloster Heisterbach. – Auf diesem Wege schiessen die Lager der Sandsteinschiefer seiger, und wie es scheint, von Nordost nach Südwest ein, und verbergen sich zuweilen unter mächtigen Schichten von Lehmen und Sand. Die Abtei liegt in einem kegelförmigen Thale, das durch die Haart den grossen und kleinen Weilberg, den Stenzelberg oder Stengelberg, die Rosenau, den Nonnenstrom- und Petersberg, von links nach rechts herum zu rechnen, gebildet wird.

Dies Kloster wurde im Jahre 1188, nachdem die Mönche vier Jahre auf dem Petersberge gewohnt hatten, erbaut. Die Kirche ist ein altes Gebäude im gothischen Geschmacke, und aus Tucksteinen gebaut.

[Weilberg, Stromberg etc.]

Der grosse Weilberg hat am westlichen Fusse basaltähnliches Gerülle; auf der Höhe des Berges steht das Gestein in fussstarken Säulen an, welche gegen Morgen einschiessen, <16> und mit 8 Fuss hoher Dammerde bedeckt sind. An der südöstlichen Seite verbindet er sich mit dem kleinen Weilberge, der auch basaltisch ist, aber keine entblösten Säulen zeigt. Er gränzt an Südost an den Stenzelberg. Der Basalt daher nähert sich sehr dem Hornquarzigen und Basaltporphyr; er gibt mit dem Stahle Funken, und enthält ausser mehrern sehr kleinen Citrinen einige grüngelbe Chrysolithkörner; hier und da schimmert einem eine grössere grauweisse Feldspathparthie entgegen; auf den Klüften sieht man ihn mit einer eisenschwarzen, metallisch glänzenden, fett anzufühlenden Haut überzogen.

Der höhere Stenzelberg zeigt beim Ansteigen hier und da schroffe – theils nackte, theils bemooste – Klippen eines Gesteines, das in dem Steinbruche auf der Südwestseite durch irreguläre, oft der senkrechten Linie sich nähernde Spalten in mächtige Blöcke zerklüftet ist; die grauen Massen laufen oft gelbbraun an. Der hornartige <17> Granitporphyr desselben ist von bläulichgrauen, bald hellerer, bald dunklerer

Farbe, ist undurchsichtig, halb hart. – Gleichförmig und ziemlich fein sind ihm beigemengt häufige kleine, grauweisse, durchscheinende Feldspathflecken, auch sehr kleine, tombackbraune, glänzende, sechsseitige Glimmerblättchen, und einzelne säulenförmig schwarze, auch dunkelgrüne Blendekrystallen. Wird die Oberfläche befeuchtet, so verschluckt sie, wie alles, ihr ähnliche Gestein von andern Bergen viel Wasser, und riecht dann stark thonig.

An den der atmosphärischen Einwirkung ausgesetzt gewesenen Klüften des Stenzelberger Gesteines selbst hat sich zuweilen ein schwarzbraunröthlicher Beschlag angelegt, einigen Braunsteinerzen gleich, in welchem einige metallisch glänzende Parthien zu sehen sind. Bei stärkerer Verwitterung ist das Ganze in einen braunrothen, etwas leichtern, durchlöcherten Körper verändert, worin ausser etwas Feldspath und <18> Glimmer, zuweilen noch die nunmehr granitbraun, halb durchsichtig gewordenen Blendekrystallen selten, öfter aber in eine helle oder dunkle, braunrothe, weiche, etwas fettige, dem Röthelstein ähnliche Substanz aufgelöst gefunden werden. In andern Stellen gleicht dasselbe dem verwitterten Basalte; nur dass es sich rauher, sandiger anfühlen lässt. – Vom Eintritte in das Heisterbacher Thal, rechts, gelangt man zu den berühmten eigentlich so genannten Sieben Bergen.

Der Stromberg, wegen einer darauf stehenden Kapelle auch der Petersberg genannt, steigt von dieser Seite sanft an, ist mit mäßig hohem Gebüsche bewachsen; die häufigen Basaltgeschiebe, die man auf dem Wege findet, geben früh über seine Gebirgsart Ausschluss. Man gelangt bald zu einer rundlichen Erhöhung, das Aliter Küppchen genannt, die auf der westlichen Seite des Petersberges liegt, und durch ein flaches, nach Südwest laufendes Thal von <19> ihm getrennt wird. In einer Entfernung von etwa 100 Schritte nach Heisterbach zu gegen Nordost, befinden sich Sandsteinbrüche. Die obere Fläche des Petersberges selbst, die sehr breit ist, trägt die Kapelle, und nicht weit davon steht das Haus des Pächters; das übrige ist mit Fruchtfeldern bebaut. Die Aussicht ist hier nichts weniger als belohnend, im Gegentheil des hohen Gesträuches wegen sehr beschränkt. – Auch befindet sich auf dieser Plattform ein nicht sehr tiefer Brunnen mit dem unter ähnlichen Umständen gewöhnlichen milchbläulich opalisirenden Wasser.

Der Hornbasalt daher hat mit dem vom Weilberge im Ganzen eine Aehnlichkeit; beide geben am Stahle Funken, nur dass jener sich wegen der ihm beigemengten häufigen Glaskörner bereits merklich dem Glasbasalte nährt; unterdessen sind sie doch noch zu klein, sie lassen den Bruch zu eben, als dass man ihn darnach benennen könnt. Uebrigen enthält dieser Basalt, <20> der nur bei gewissen Graden der Verwitterung mit abgesonderten Stücken vorzukommen scheint, mehr oder weniger stumpfeckige, halb bis ganz zöllige Quarzstücke, die bei einem splitterigen in's muschlichte sich verlaufenden Bruche bald bläulich-weiss und sehr wenig durchscheinend, bald grauweiss, von körnigen, in sätnglichte[?] übergehenden, abgesonderten Stü cken, und halb durchsichtig; bald eben so, nur röthlichbraun sind.

Die Sandsteinbrüche nahe bei dem Aliter-Küppchen bestehen oder aus einem hellbläulichgrauen, dichten grauwackigen Gesteine, oder je nachdem der oft eisenschüssige Thonkitt ab- und die Grösse der Quarzkörner zunimmt, aus einer feinern und gröbern Kieselbreccie. Die mehr stumpfeckigen als völlig abgerundeten Quarzstücke sind bei stärkerm oder geringerm Glanze gewöhnlich bläulichgrau, grauweiss, milchweiss, durchscheinend, seltener rauchgrau, braungelb, noch seltener gelbgrünlich. Oft <21> ist des Kittes so wenig, dass die Breccie wenig zusammenhängend ist; manchmal erscheint er als ein gelber, braunröthlicher Eisenthon, zuweilen gelbgrünlich. An andern Stellen verzieht er sich in das quarzartige; er schmelzt mit den Körnern in eine poröse oder dicht ebene, glänzende Masse zusammen.

In diesem Sandsteine trifft man viele versteinerte vegetabilische Theile an. Z. B. versteinerte Holzstämme, Aeste. Oft stellen sie flecken- und streifenweise, oder in ganzen Parthien das dar, was Herr Werner Holzstein nennt. Hier und da geht ein Stück in den gelben, auch wohl in den gemeinen Opal über. Versteinerte Blätter in bläulichgrauem, grauartigem Gesteine von gleicher oder gelblichgrauer, eisenrostiger Farbe trifft man auch darin an. Sie gleichen dem Weidenlaube, wie das Holz dem Weidenholze, kommen selten einzeln und ganz, sondern insgemein büschelweise und gebogen vor. <22> Steigt man an der Nordostseite des Petersberges ab, so gelangt man bald zu dem fast eben so hohen Nonnen-Stromberge. Dieser hat am Fusse, wie auf der Höhe, an der Süd Südost- und Ostseite dichten Basalt in festen, 15 Fuss hoch entblösstem Gesteine, dem vom Petersberge gleich, jedoch mit häufigen, liniengrossen Glaskörnern, die sich aus der weingelben in die braune, öfter in die gelbgrüne Chrysolithfarbe verziehen, und auf die bekannte Art verwittern. Schwarzer Blende enthält er wenig. Der Granitporphyr, der in der Mitte dieses Berges zugleich mit Basalt in losen Stücken liegt, an der südöstlichen Seite hingegen, auch in der Mitte, nackt im Ganzen ansteht, ist von dunkler, aschgrauen Farbe, die in den feinen Splittern auf's grünliche abschiesst, mit schwarzer Blende, die nur in grossen Lagen und meist, wenn die Säule ganz geblieben ist, dunkelgrün und ganz durchscheinend bemerkt wird, mit braunem Glimmer, weissen und röthlichen Feldspath fein gemengt. <23> Zwischen diesem Berge und der Haart befinden sich Trass- oder Tufsteinbrüche, eine halbe Stunde von Dollendorf gegen Osten. Der erste Trassbruch, Schlüsselspütz, liegt am östlichen Vorgebirge der Haart; er hat einen starken Quell, der im strengen Winter nicht zufriert, und bis nach Nieder-Dollendorf mehrere Mühlen treibt. Nicht weit davon am Vorgebirge des Weilberges, südöstlich, befindet sich der zweite Bruch, Dangenberg, der dritte, die Doctorskaule, südöstlich von diesem in geringerer Entfernung an der südwestlichen Seite des Weilberges. Eine halbe Viertelstunde von letztem gegen Süd an des Nonnen-Stromberges nordöstlichem Fusse ist der vierte Bruch, genannt Keltersseifen. Indessen was man hier Trass nennet, ist nichts anders als – verwitterter Granitporphyr. An der Ostseite des Petersberger Vorgebirges, hinter dem Kloster Heisterbach, findet man in ziemlicher Menge einen grauweissen Pfeifenthon. <24> Der Rimscheid wird durch ein geräumiges Thal vom Nonnen-Stromberge getrennt, beschreibt von Nordost bis Südwest einen Halbzirkel um ihn, verbindet sich östlich mit der Rosenau, in Süden mit dem Wasserfalle und Taubenitz, und grenzt mit seinem Fusse westlich an den kleinen Geissberg. Sein Gestein ist dasselbe, wie das vom Rosenau, dem Wasserfalle und Taubenitz, ein Granitporphyr, nämlich von Farbe hellbläulich grau, mit der feinsten Nuancirung, zuweilen auf's röthliche. Der Glimmerblättchen darin sind sehr wenig, sein Feldspath ist milchweiss; er hat bei der mindesten Verwitterung wie das Ganze überhaupt, oft eine Anlage zum porösen. Die Blende ist bei ihm häufig grün, und halb durchsichtig, in der

Verwitterung gelbgrünlich. – Der Wasserfall hat keinen ganzen Fels anstehen.

[Ölberg, Wolkenburg etc.]

Vom Nonnen-Stromberge geht es durch in gekrümmtes Thal, die Schibblers-Heide genannt, über die kleinen, gemächlich <25> anlaufenden Berge Rosenau und Rimscheid dem Oelberge zu. Am südwestlichen Fusse desselben findet sich in einem Fuhrgeleise verwitterter Granitporphyr; kenntlicher im festen anstehend, an der Nordwestseite in der Mitte des Berges, wie auch auf der Höhe nördlich; weiter unten nach Norden zu Geschiebe von ihm und Basalt. – Die höchste, südöstliche Kuppe dieses Berges ist 1.827 rheinische Fuss hoch, zeichnet sich durch einige nackte, oder doch nur bemooste Basaltfelsen in Tafeln aus, die senkrecht und genau im Mittage stehen, von 6 Zoll bis 27 mächtig sind, nach und nach sich spalten, eine feine schwarze Dammerde zwischen sich aufnehmen, und mit der Zeit herabstürzen; daher die grosse Menge Basaltstücke, die man übersteigen muss, ehe man auf die Spitze gelangt. Nordöstlich, wo ebenfalls einige entblösste Basaltkuppen sind, fällt er steil ab; auch diesen Abhang bekleidet, wie den ganzen Berg, dichtes, ziemlich hohes Gebüsch. Nordwärts zieht sich ein Rücken, ungefähr eine <26> Stunde lang, auf dem sich eine Kuppe zeigt, der kleine Oelberg genannt.

Der Granitporphyr von hier gleicht in allem, auch was den grossen tafelartig krystallisirten Feldspath, und dessen Verwitterung betrifft, dem Gesteine mehrerer bald nachher zu erwähnenden Berge. Seine Hauptmasse zeigt, wenn sie mit dem in ihr befindlichen Feldspathe verwittert, einen graugelblichen Thon in sehr geringer Menge, welchem eckige Körner von weiss- und rauchgrauer Farbe beigemischt sind. Der Basalt des Oelberges ist seht dicht und klingend, hornquarzig, überaus fein splitterig, mit ziemlich vielen, sehr kleinen Citrin-Chrysolit- und einigen grössern dunkel lauchgrünen Quarzkörnern, und seltenen schwarzen Blendepunkten versehen.

Die Aussicht, die man hier geniesst, übertrifft alle Erwartung. Ausser der nahe liegenden Pläne erblickt man nordöstlich das Ganggebirge des Herzogthums <27> Westfalen, an welches sich die niedrigern der Grafschaft Mark und des bergischen Landes anlegen; gegen Ost das Nassau-Oranische, im Süd und gen West einen grossen Theil des Rhein- und Mosel-Departements; südwestlich so gar ein Stück des Saardepartements.

Der kleine Oelberg hat an der Nordostseite Basalt-Säulen, welche gegen Südwest einstehen. Eine halbe Stunde von ihm liegt der basaltische Hattemich. Aus dem Thale, worin der erstgenannte sich verflacht, erhebt sich der Lembruch oder Lemberg, wo Basalt-Säulen befindlich sind; er liegt vom Weilberge eine halbe Stunde gegen Ost; drei Viertelstunden davon erhebt sich der Scharfenberg, welcher Basalt in schichtweise liegenden Platten führt; und eine halbe Stunde vom Lembruche, auch Nordwest, steht der basaltische Wolfsberg. Ihr Gestein besteht sämtlich aus einem schwarzen, dichten Hornbasalte, der zuweilen in Glasbasalt übergeht. Doch unterscheidet sich der gegen Morgen streichende, nach Mittag fallende <28> Plattenbasalt des Hattemichs, der auf dem Rücken steht, woraus sich der Scharfen- und Wolfsberg erheben, dadurch, dass er einige sehr kleine, weisse oder grünlichgraue, runde, kaum durchscheinende Kalkspathkügelchen enthält, die mit Säure, doch nicht sehr lebhaft, brausen.

Vom jähen, nordwestlichen Abhange des Oelberges geht man füglich, obschon nicht den kürzesten Weg, über den Taubenitz und Wasserfall zu der Wolkenburg. Ein schroffes Thal führt zu einem Fuhrwege, der verwitterten Granitporphyr enthält, über ein feuchtes, grasreiches Thal, Heiderscheid genannt, aus welchem sich der Heidersberg erhebt, dem Kappeshäuptchen zu; von da ersteigt man dann den nördlichen Rücken des grossen und kleinen Geissberges auf einem gebahnten Wege, und geht endlich durch ein niedrig bebuschtes, nicht beträchtliches Thal, in einer Art von Schneckenlinie, die Wolkenburg hinan. <29>

Die Porphyre dieser Berge gleichen sich alle. Ein hellbläulichgrauer Grund, der zuweilen ins grünliche abschiesst, wenn das Gestein viele so gefärbte Blende enthält, hat ausser häufigen, kleinen, schwarzen und grünen Blendesäulchen und seltnern sechseckigen, braunen Glimmerblättchen, vielen weissen Feldspath in grössern oder kleinern Körnern und Crystallen dergestalt beigemengt, dass man es oft eine Verwachsung nennen muss. In diesen Fällen wird des Feldspaths so viel, und der Hauptmasse so wenig, dass man selbst bei befeuchteter Oberfläche unter dem Vergrösserungsglase die Grenzen von beiden nicht genau bestimmen kann. Sie sind alsdann Porphyrgranite.

Auf den beiden Geissbergen und auf dem Wasserfalle ist das Gestein oft mit einer eisenschüssigen Flüssigkeit in wellenförmigen Streifen durchzogen. – Als horngrauer Grund, gewissen Hornporphyren gleich, erscheint das etwas veränderte Gestein vom Kappeshäuptchen. <30> Auf dem Taubenitze ist die Masse meist weiss, mit geringer Schattirung auf gelb, und dadurch vom Feldspathe etwas schwer unterscheidbar. Der helle, gelblichgraue, im Bruche dicht, in das erdige übergehende Grund des Gesteines vom Heiderscheid erscheint, wenn es benetzt und durch das Suchglas angesehen wird, als eine erhöht gelbe, vollkommene porphyrartige Masse.

Die Wolkenburg ist 1.482 Fuss hoch. Den Namen Wolkenburg hat der Berg vermuthlich wegen seiner Höhe erhalten; denn ehe man die Steine darauf gebrochen hat, soll er noch höher gewesen seyn, als sein Nachbar, der westlicher und südlicher liegende Drachenfels; und auf seiner Spitze stand ein festes Schloss. Man findet mehrere Steinbrüche daselbst, worunter einer nach Nordost, ein zweiter nach Norden, der dritte nach Osten, und ein vierter an der Südseite, {der Röhndorfer genannt} sich befinden. Mehrere Menschen in Königswinter leben davon, indem sie Hausteine verschiedener Art daraus verfertigen <31> und sie beträchtlich weit, besonders aber nach Bonn, Köln, Mühlheim, Düsseldorf u.s.w. den Rhein hinab verschicken, wo sie zu Thür- und Fenstereinfassungen braucht werden, und unter dem Namen Königswinter Hausteine bekannt sind. – Man sieht selten in diesen Steinbrüchen Bänke, sondern meist unordentliche, vertikale Spaltungen. Der Beschlag an den Wänden ist oft eisenbraun. Das abendliche Gehänge liefert Tafelsteine oder Planen. Man bricht die Steine von oben herab mit Brechstangen, oder man schiesst sie los. – Das Gestein daher ist ein Granitporphyr von gewöhnlichem Gemenge, und findet sich, was die Farbe betrifft, hier in zwei Abänderungen; diese ist oder {was meistens der Fall ist} milchbläulich-hellgrau, zuweilen grauweisslich, oder sie schiesst in das fleischrothe auf's braune ziehend ab, geht auch wohl ganz darin über; dort erscheint die Hauptmasse hornartig mit vielen kleinen weissen Feldspathflecken oder

Rhomben, schwarzen und grünen Blendekrystallen <32> und wenigen sehr kleinen tombackbraunen Glimmer-Sechsecken innig gemengt. – Bei der andern Spielart wird der Feldspath röthlich oder er bleibt weiss, und die Hauptmasse wird einem braunröthlichen, verhärteten Thon gleich. Die Vereinigung beider ist aber oft genau, des Feldspathes wird so viel, dass man sie nicht allemal unterscheiden kann. Dann bildet das Ganze einen Porphyr-Granit. Die Blende verwittert in ihm sehr leicht; die schwarze löst sich in eine rostbraune oder grünliche, in eine grüngelbe, trockene, erdige Substanz auf; dadurch und wegen des dabei entwickelten Eisenstoffes wird die daraus gefertigte Arbeit, wenn sie der Luft lange ausgesetzt und nicht mit Oelfarbe überzogen ist, mit der Zeit etwas rauh, unansehnlich, löcherig.

Geht man durch das östliche Thal am Fusse des Peters- und Nonnenstromberges, die Links liegen, indessen man den Hirschberg zu rechter Hand erblickt, {dies Thal heisst die Hölle} den tiefen Hohlweg durch, <33> der eine starke Viertelstunde lang ist, und aus Lehmen, Sand, verwittertem Granitporphyr und Quarzbreccie mit Schieferstücken besteht; wendet sich dann gegen Mittag, wohin auch der Fuhrweg führt, so gelangt man zu einem merkwürdigen Vorgebirge, das wegen dem darin befindlichen Bruche der Backofensteine der Ofenkulerberg genannt wird. – Er ist mehrere 100 Fuss hoch, und auf seinem rundlichen Rucken mit niedrigem einzelnen Gesträuche bewachsen. Seine Gebirgsart besteht ganz aus dem verwitterten Granitporphyr der benachbarten Gebirge. Mit blossem Auge sieht man grössere Feldspath-Rhomben oder Bruchstücke von Tafeln unangegriffen, andere kleinere schon verwitternd, ferner zeisiggrüngelbe Flecken. Bei starker Verwitterung wird der Grund hellgrau, rauh, kleinkörnig, das

Ganze sehr weich, bröcklich. Der Feldspath ist grossentheils schon in die bekannte graue, hellgelbe oder schwachröthliche, trockene, zarte, zerreibliche Substanz übergegangen, zuweilen schwammicht <34> porös geworden. In diesem Falle bildet er, wie der verwitterte Granitporphyr des Oelberges das, was man im Trasslande Trassblumen nennt; oder es hat sich im Innern noch der Kern erhalten, der in mehr oder weniger stumpfartigen Körnern dem Ganzen beigemengt ist. Unzerstört liegen darin ziemlich häufige, sehr kleine, schwarze, glänzende Glimmerblättchen; sie sind zuweilen verbleicht, gelbbräunlich ins pfauenschweifige spielend. Oft ist der Backofenstein dieser Gegend von einer eisenhaften Flüssigkeit durchdrungen gestreift und dann braungelb.

[Ofenkaulen]

Eben so erhält es sich mit dem Gesteine des Wolfshahnes einer ähnlichen Höhe, die in Südsüdwest mit dem Ofenkulerberge zusammenhängt, und im wesentlichen auch mit den so genannten Trassarten am Weilberge und Normenstromberge, wovon ich oben gesprochen habe; eben so mit der, die auf der Fläche, dem Weil- und Stenzelberge östlich, zwischen dem <35> kleinen Oelberge, dem Hügel und Lemberge befindlich ist; nur wird das Gemenge oft gleichförmiger, weil der Granitporphyr des Stenzelberges und Nonnenstromberges, wovon jener zumal den Stoff hergegeben hat, viel kleinern Feldspath und weniger Glimmer, dagegen mehrern Thongrund führt. Deutlich liegen in dem Nonnenstromberger Tufsteine schwarze, bereits sehr weiche Blendesäulchen. Betrachtet man ihn genau, so erblickt man kleine blendendweisse, bisweilen schwach ins seegrüne, oder gelbliche spielende Vierecke, oder rundliche, fein poröse Massen, die man für Bimstein halten sollte; aber sie sind sehr weich und leicht zerstörbar; manchesmal findet sich auch darin ein noch unzerstörtes Körnchen Feldspath, und etwas anders als ein solcher zum Porcellanthon aufgelöst, sind sie auch nicht.

Der Ofenkulerberg ist durch die Arbeit, die darin getrieben wird, aufgeschlossen. Man geht durch einen Gewölbe ähnlichen, von Süd gegen Ost getriebenen <36> Eingang tief hinein. In dieser Höhle behaut man das losgebrochene in grosse, länglich viereckiche, riegelsteinförmige Stücke, häuft den Abfall seitswärts auf, und führt sie auf Pferdskarren {dazu ist die Höhle weit genug} hinaus. Man braucht sie zu feuerfesten Mauern, zumal bei Backöfen, woher sie den Namen haben. Das Gestein liegt Lagerweise auf einander, in verschiedenen Flötzen, von 4 – 8 Fuss mächtig. Die Breite des Ofenkulerberges beträgt im Querdurchschnitte des Rückens von Ost bis West achthalb hundert Schritte.

Vom südwestlichen Abhange des Ofenkulerberges geht es über eine niedrigere Anhöhe, der Eicherts genannt, an welcher alles mit Dammerde überdeckt ist, durch ein tiefes schmales Thal, in welchem Wasser rinnt, ziemlich jähe, den grossen und kleinen Hirschberg hinan. Am Fusse und auf der Höhe, die mit dünnem Gesträuche bewachsen ist, finden sich einzelne Geschiebe eines halb verwitterten, und an <37> der westlichen Kuppe des grossen, oben, wo einiges nackte Gestein zu Tage aussteht, ein gleichfalls nicht ganz gesunder Porphyr. Der bläulichgraue, sehr kenntliche, hornartige Grund des Gesteines vom kleinen Hirschberge enthält kleine, ziemlich häufige, weisse Feldspath-Rhomben. Ihn durchschlängeln oft kleine krummlinige, mehrere Linien lange Streifen, mit einer grüngelben trocknen Erde bekleidet, oder ausgefüllt, auch rundliche und eckige kleinere Parthien von der Art.

Das Gestein vom grossen Hirschberge zeigt beim nämlichen Grunde jene Streifen häufiger; das Gestein wird dadurch wirklich schon porös. Ihr Beschlag ist nun gelb, ocher oder leberbraun, der Eisengehalt unverkennbar; der Feldspath hingegen, auch die schwarze Blende gesund, fest und schimmernd. – Dieser Porphyr enthält auch etwas braunen Glimmer.

Am Fusse des Rückens, welcher zwischen dem Ofenkuler- und den Hirschbergen <38> liegt, befindet sich eine Stelle, die man am Quegsteine nennt. Die Königswinterer Mühle liegt ungefähr einen Flintenschuss weit darunter. Dort findet sich ein hellbläulich-graues, grauwackig Gestein; grosse Stücke davon liegen im Fuhrwege. Es ist nichts anders, als eine Quarzbreccie, die bald sehr fein, alsdann dicht eben im Bruche übergehend in das schalige, bald gröber, und nunmehr unebener, splitterig ist; der Kitt scheint quarzartig oder eigentlicher thonquarzartig zu seyn.

[Drachenfels]

Von gedachter Kuppe des Hirschberges sieht man amphitheatralisch von Nord nach West hinüber die bisher beschriebenen Berge mit der Löwenburg und dem Drachenfelse den Horizont begrenzen. – Geht man von hier den Drachenfels hinan, so muss man den ziemlich jähen Absturz des grossen Hirschberges an der Südseite hinab; man kommt von da in ein überaus angenehmes Thal, in welchem ein Quell sehr reinen Wassers eingefasst ist, geht dann an einem <39> Hofe,

Burghof genannt, der am Fusse der Wolkenburg liegt, links vorbei, und nun über einige Felder, die diesen Berg mit dem Drachenfelse von der einen Seite verbinden, und gelangt so auf einem schmalen, jedoch gebahnten Wege, der sich spiralförmig hinauf windet, an der Ostseite zu einer Art von Plattform. Rechts steigen nackte, schroff weggebrochene Felsen aus einer beträchtlichen Tiefe empor. Von dieser Stelle ist das Gestein zum Bau des Doms zu Köln gebrochen, sie heisst daher noch jetzt der Dombruch. Das niedrigere Gehänge und der Fuss des Berges von dieser Seite ist mit vielen Weinstöcken besetzt, die bis an den Rhein gehen, der nahe bei diesem Berge vorbeifliesst; auch liegen da einige Häuser. – Links der Plattform {wenn man den Rhein vor sich hat} ist gegen Süd noch ein alter Steinbruch, an welchem in einiger Entfernung, der Niederung zu, Rhöndorf liegt; nach Südost zu liegt der Ort Honnef am Fusse der davon benannten Gebirge. Oestlich verbindet sich der <40> Drachenfels vermittelst einer Anhöhe mit hohlem Rücken, das Rübenkämmerchen genannt, mit der Wolkenburg von einer andern Seite. Ein steiler, von Mittag nach Morgen sich krümmender Pfad führt zur höchsten, ungleichen Kuppe.

Die perpendikuläre Höhe des Drachenfelses, trigonometrisch bestimmt, vom Rheinufer an zu rechnen, beträgt bis an den Fuss des Thurmes 1.475 Fuss. Seinen Namen hat dieser Berg wahrscheinlich der alten Sage zu danken, nach welcher ehedem in dem südlichen schwarzen Felsen ein Drache, {*mirabile dictu!*} viele hundert Jahre gewohnt haben soll, der daselbst dann immer stattlich aus und eingeflogen sey. Auf dem Gipfel des Felsens befinden sich die Ruinen des alten Schlosses; sie sind aber nicht beträchtlich mehr, ausser dem viereckigen Thurme, der Schiessscharten und nach Süden ein enges Loch hat, wodurch man hineinkommen kann. Seine westliche Seite ist ganz weggefallen. Um zu dem Thurme <41> zu kommen, muss man einen engen Pfad fast auf Händen und Füssen hinankriechen. Nahe bei jenem Thurme ist es wirklich nicht ohne Gefahr, weil die Ruinen den Einsturz drohen, und vorzüglich, weil die Anwohner an der westlichen Seite des Berges das Gestein ganz weggebrochen haben, so dass die noch anhängenden Klumpen fürchterlich dastehen. Die verfallenen Mauern sind aus Quadern des hier brechenden Gesteines erbaut, wozwischen sich zuweilen, wie an allen andern alten Schlössern dieser Gegend, Trassstücke befinden. – Kurfürst Friedrich I. von Köln hatte es 1117 nebst Rolandseck und Wolkenburg gebaut, um dem Kaiser Heinrich dem Vten den Weg auf dem Rheine zu sperren. Der Kurfürst von Köln, Arnold I. schenkte im Jahre 1138 dem Probst Gerhard von Bonn und dessen Nachfolgern das Schloss Drachenfels. Wie und wann es an die ausgestorbene Familie der Herren von Drachenfels gekommen ist, ist unbekannt; wird aber auch wahrscheinlich den Leser so <42> wenig, wie mich, interessiren. Noch gegen das Ende des 16ten Jahrhunderte, war es bewohnt.

Der Granitporphyr daher ist von hellweisslich grauer Farbe, der selten und schwach in das gelbe, gelbgrüne, fleischröthliche, bei der Verwitterung in das dunklere bläulichgraue abschiesst. Er enthält im gleichförmigen Gemenge vielen sehr kleinen milchweissen, seltner röthlichen Feldspath, von mehr oder weniger bestimmbarer Figur, dergleichen schwarzbraunen Glimmer und schwarze, auch dunkelgrüne Blendesäulchen und Punkte. Außerdem {doch sparsam} viereckige oder rundliche, dichte, schwarz graue, streifige Feldspath-

Parthien, die auf eine zweifache Art krystallisirt vorkommen. Oft sind es gerade, längliche, sechsseitige Tafeln. Seltener ist diese Krystallisation ein vollkommenes rhomboidalisches Parallelepipedon. Die Länge der Tafeln beträgt oft 1 – 2 rh[einische] Zolle. Die rhomboidalischen Krystallen sind ungefähr Zoll <43> lang und darüber, einen viertel oder halben Zoll breit, von anderthalb bis gegen drei Linien dick. – Nie ist diese Feldspath-Art rein und ungemengt: es befinden, sich vielmehr stets, obwohl in ungleicher Menge Glimmerblättchen, schwarze und zuweilen grüne Blendesäulchen darin.

An der westlichen Seite des Drachenfelses erhebt sich ein kleineres Gebirge, der Pitzenberg genannt, der Granitporphyr enthält. Von der Nordseite grenzt jener an einen ebenfalls niedrigen Berg, Dünnholz genannt, der aus großen Blöcken und Geschieben eines Granitporphyrs besteht, in den abgeschlagenen Proben bald einen violetröthlichgrauen, noch ziemlich gesunden, bald einen noch stärker aufgelösten porphyrartigen Grund darstellt. Er führt häufig kleine schwarze Blende, deren sechsseitige Prismen man hier deutlicher als sonst bemerkt, und welche verschiedentlich in grössern Gehäusen vorkömmt. Der weisse Feldspath ist oft, an den Klüften wenigsten <44> und auf der Oberfläche, in eine weisse, schwammige Porcellan-Erde verwittert, zuweilen ganz verschwunden, und dadurch das Gestein deutlich tief hinein porös geworden.

An der Südseite des Dünnholzes, dessen diesseitiger Fuss einen dünngeschichteten, grauen, gelb bräunlichen Thonschiefer im Uebergange zum Grauwacke-Schiefer anstehen hat, legt sich der mit Weinreben bepflanzte Heldberg an. Sein Gestein machen Granitporphyr-Geschiebe aus, zum Theil in Lehm und Sand verwittert. Nördlich dem Dünnholze liegt der Kuckstein, {ein zweiter Berg gleichen Namens} etwas niedriger als jener, auch mit Weinstöcken besetzt. Er verflacht sich mit jenem bis zum Rheinufer, und bildet nördlich das Thal, worin Königswinter liegt.

An ihn grenzt südwestlich der noch gesenktere Filzberg, dessen feiner Grauwacke-Schiefer in tonnlegigen, von Nord nach Süd einschiessenden, Bänken zuweilen zu <45> Tage aussteht. An der Nordseite erhebt sich dieser wieder zu dem höhern Haartberge, der eben dieser Gegend zu in den niedrigem Brusberg übergeht, sich verflacht, wieder erhebt, alsdann den Herbertsberg bildet, und sofort bis nach Dollendorf unter dem Namen Lungen- und Stapelberg hinzieht. – Alle diese Berge verflachen sich gegen Westen zu nach dem Rheinufer, und bestehen aus sandiger Leimerde, worin der Grauwacke-Schiefer, auf den man in der Tiefe trifft, durch den Weinstock, den alle diese Gebirge tragen, und durch die Arbeit, welche zu diesem Behufe an ihnen, geschieht, mit Hilfe der atmosphärischen Einwirkung übergeht.

Geht man von Königswinter südwestlich am Rheinufer nach Rhöndorf zu, so sieht man am Fusse des Drachenfelses dessen grauwackige Schiefer-Gebirge sich nun von Süd nach Ost hinziehen. Man sieht von dieser Seite seine Verbindung mit der Wolkenburg vermittelst des Rübenkämmerchens <46> recht deutlich. Bald hinter Röhndorf kann man über den jähen westlichen Abhang des Faulberges. Ein kahler Berg, weil man daher zum Unterstreuen für das Vieh die Heide {Erica vulgaris} holt. Sein Gestein ist ein braungelber, feinkörniger Sandstein-Schiefer. Von hier gelangt man bald an den südlichen Fuss des von dieser Seite steilen und hohen Breiberichs, an den sich ein länglich gedehnter Quarzbreccien-Berg, der Kurferberg, anlegt, und in das Rummersdorfer Thal hinabzieht. Das Dörfchen darin liegt eine kleine Viertelstunde von Honnef. Vom Breiberich kommt man zu den Büchen, einem kleinen Berge, der von den darauf befindlichen Bäumen benannt ist, und endlich über den Rücken des Bucherad-Berges durch das Thal Lockemich auf den Löwenburger Hof.

Am südwestlichen Fusse des Breiberichs nach der Löwenburg zu, erhält man einen graugelben Grauwacke-Schiefer mit wenigen kleinen weissen Glimmerblättchen; darauf <47> das nämliche dunkler braungelb gefärbt, mit kleinen grauweissen, halb durchsichtigen, ungleichseitig zugespitzten Quarzpyramiden, an den Klüften zuweilen aussitzend; alsdann einen hellgrauen Letten, drittehalb Fuss mächtig: ferner die grau oder bräunlich gelbe Thonschiefer, vielleicht auch nur Schieferthon-Art, die den Uebergang zu dem Grauwacke-Schiefer ausmacht. Sie ist weich, von den beigemengten sehr kleinen Glimmerblättchen zuweilen schimmernd, im Bruche krummschieferig, dem Blätterigen nahe kommend, und schliesst länglich runde Flecken ein, die heller grau, zuweilen ochergelb, schieferthonartig sind. Sie läuft auf den Ablösungen oft mit der bekannten bläulich schwarzen glänzenden Farbe an, die sich ins braune erzieht, und an den Basalten so häufig bemerkt ward. Auch findet man hier einen Granitporphyr, der zu abgesonderten, grobkörnigen, unbestimmteckigen, schaligen, zuweilen schieferigen, ja gar in kugelichte Stücke übergegangen ist, der große schwarze Blende-Gehäuse mit <48> oder ohne gelblichweissen Feldspath, und noch beträchtlichere Quarzparthien enthält, die vollkommen, wie in den Basalten, zersplittert, mit Eisenocher dann und wann bedeckt sind. Zuweilen erhält dieser Porphyr bei der

Verwitterung ein etwas poröses Gewebe. Wo er kenntlich bleibt, da ist er von aschgrauer Farbe mit beigemengter schwarzer Blende, in kleinen Säulchen, etwas weisslichtem Feldspathe, und ziemlich vielem tombackbraunen, zuweilen verbleichten Glimmer, in einzelnen vollkommen sechsseitigen Tafeln nicht nur, sondern auch in dergleichen neben einander befindlichen Gehäusen. – Oben auf dem Breiberich befindet sich das Gestein minder zersetzt; sein grauer dichter Grund schiesst in das gelbgrüne ab; so zeigen sich mehrere feine Splitter, aber auch länglich runde oder rectangelförmige Flecken, wahrscheinlich von zersetzter grüner Blende.

Die Gebirgsart des unfern dem Breiterich gelegenen Oelniters ist der eben <49> beschriebenen ganz in Gewebe und Inhalt ähnlich.

Am Fahrwege, über den Bucherader Rücken, der neben dem Oelniter östlich liegt, und sonst an diesem Berge endet sich eine Porphyrart, deren hell- und grünlichgrauer Teig vielen kleinen milch- und grauweissen Feldspath meist in Rectangeln eingeknetet hat.

Dem Bucherad südlich erhebt sich der Püserich, der grauen Sandstein führt, dort im Ganzen ansteht, und etwas gegen West einschiesst.

Vom Tränk, der seinen Namen einem Wasser an seinem Fusse verdankt, wohin man das Vieh zur Tränke führt, ist zu bemerken, dass sein Gestein ein blaugrauer Hornporphyr ist mit vielem grauweissen krystallinischen Feldspathe, und noch mehrern kleinen schwarzen Blende-Säulchen und Punkten.

Das Gestein des Lohrberges gleicht ganz dem in der Auflösung begriffenen Granitporphyr. Der taflig krystallisirte ein- bis <50> drei-Viertel-zöllige Feldspath ist oft darin ganz gelb oder bräunlich.

Der Granitporphyr des Kottnebels ist zuweilen porös, wie mit Nadeln durchstochen, zum Theil rissig und vollkommen schieferig; die Höhlen oder Klüften sind dann mit einem gelben bis ins rostbraune sich verlaufenden erdigen Ueberzuge, der jedoch fest aussitzt, wie bestäubt. Auch in ihrer Nachbarschaft liegt manchmal noch ein gesunder schwarzer Blende-Krystall, zuweilen etliche Linien dick. Der graue Grund dieses Gesteines ist zwar matt, aber der weisse graue Feldspath, den er in kleinen Flecken oder auch in sehr feinen Punkten häufig und dicht neben einander führt, hat das Eigene, dass er fettig glänzt, fast schuppig erscheint.

Deutlicher sieht man dieses an dem flachsgrauen Grunde, in Proben von einem Scherberge oder Scherkopf {denn es sind ihrer zwei}. Auch er ist etwas <51> schimmernd, aber zugleich von so undulirt ebenen, breitsplitterigem, fast schuppigen Bruche, dass er bei nahe den Gneusen, die keinen ganz reinen Quarz in ihrem Gefüge enthalten, gleich kömmt: nur ist der Glanz derselben allemal beträchtlicher. Der Feldspath liegt in häufigen Flecken und einigen halb bis ganzzölligen Tafeln inne; er hat durch die Verwitterung gelitten, ist gelblich und braungelb gefärbt. Der kleinen schwarzen Blenden sieht man wenig, etwa mehr braunen Glimmer.

Aus dem Thale des Tränks gen Süd erheben sich im halbzirkelförmigen Kreise der Kottnebel und Scherkopf, und verflachen sich nachher in ein auch so genannte tiefes Thal in der Ebene.

[Löwenburg]

Von dem Löwenburger Hofe gelangt man auf dem gleich einem S gekrümmten Fuhrwege der ehemaligen Grafen von Löwenburg, auf den überaus interessanten Berg dieses Namens. Dieser Weg ist zwar etwas <52> länger, als der Fusssteig, der gerade hinauf führt, aber um vieles bequemer, und wegen des ausgehauenen Holzes, das an diesem Berge in einem vorzüglich guten Wachsthum steht, lichter. Die Plane oben auf trägt die Ruinen eines Schlosses; sie ist schmal, irregulär, hochbebuscht, und daher die Aussicht sehr beschränkt. Die Höhe der Löwenburg beträgt 1.896 Fuss. Ihr Gestein ist schöner Basaltporphyr. In Mustern oben vom Berge genommen, ist er oft so blätterig-körnig und krystallinisch, dass man, die sparsam eingemengten Blende und Olivin-Körner abgerechnet, das Ganze für grauen, mit einander verwachsenen gemeinen Feldspath halten möchte. – In Proben von der Mitte des Berges stellt sich jedoch die fast nur hornartige Masse desselben, bei zunehmender Blende und weit einzelnem grauweissen, gar kleinen Feldspathflecken, auch etwas Olivin, so deutlich und reichlich dar, dass nun die Benennung Hornbasalt angemessen wird. Die Blende ist hier schwarz, sehr klein, geradblätterig im <53> Hauptbruchc, glänzend; sie bildet sehr verlängerte schmale Säulchen. – An Exemplaren vom Fusse der Löwenburg erkennt man wieder den Basaltporphyr, der aber jetzt schon im Grossen ziemlich dickschieferig bricht.

[Theresiengrube]

Die Löwenburg hat auf der mittägigen Seite in der Entfernung einer halben Stunde ein Vorgebirge, das durch Querschlüchte in verschiedene Bergrücken abgetheilt ist, und hier ist eine Bleygrube unter dem Namen Theresiengrube in Betrieb.

Das Gebirge steigt auf einige zwanzig Lachter[7] an, und wird dann durch einen Querschlucht vom Zusammenhange mit der Löwenburg getrennt.

Der Gang setzt in Thonschiefer und Grauwacke auf; erster macht das hangende, letzter das liegende Nebengebirge aus. Sein Streichen ist von Mittag in Mitternacht, das Fallen von Morgen in Abend, bei nahe in seigerm Verhalten zur Teufe. <54> Die Ausfüllung des Ganges besteht in Quarz, welcher mit Bleyglanz theils eingesprengt ist, theils durch derben Bleyglanz ganz verdrängt wird; bei welchen edeln Mitteln der Gang öfters 3 – 4 Fuss mächtig wird. – Nicht selten füllt sich der Gangraum zum Theil mit schwarzer Blende oder mit derbem Kupferkies aus; und zufällig beigemengte Fossilien sind ausserdem graue Bleyerde, krystallisirtes weisses Bleyerz, Kupferlasur, Schwefelkies, linsenförmig krystallisirter späthiger Eisenstein, Bleyschweif, braune krystallisirte Blende, Calcedon.

Der hiesige Erzgang ist bereits auf 100 Lachter Länge theils mit Stollen angefahren, theils mit Schürfen entblösst.

Das liegende Nebengebirge, die Grauwacke ist so fest, dass solche meistens nur durch Sprengarbeit zu gewinnen ist; das hangende hingegen ist so milde, dass alles mit der Keilhaue hinein gewonnen wird, und die ausgehauenen Räume, welche nicht <55> verkastet werden, durch die Zimmerung gestürzt werden müssen.

Noch ist zu bemerken, dass auf einigen Stellen im hangenden Nebengebirge Bol vorkommt, und dass man in dieser Gebirgsmasse öfters Bleyglanz in Nieren antrifft.

---

[7] Ein Längenmaß im Bergbau, ca. 1,8 Meter.

Die auf hiesiger Grube gewonnenen Erze werden auf einer Bleyhütte bei Honnef verschmolzen. Der Bleyglanz hält ungefähr 40 – 50 Lt. Bley und 1 Loth Silber.

Es ist noch kein Jahr dass diese Grube belegt ist; man hofft im fernem Fortgange der Feldörter noch eine mehrere Veredlung des Ganges aufzuschliessen.

Die Theresien-Gewerkschaft besteht in den Herrn Gebrüdern Rhodius in Mühlheim, 10 Stämme, H. Carl Remy in Neuwied 12, H. Kammerrath Bleibtreu in Neuwied 6, die H. Gebrüder Bleibtreu 3, die Demoiselle Wolters in Neuwied 1, Freibau 1.

Die Theresien-Knappschaft besteht, eingerechnet der Gruben, Tag- und Hütten-Arbeiter, aus ungefähr 60 Köpfen. <56> Auffallend ist es, dass ungeachtet der Nachbarschaft der Löwenburg noch kein Basalt in dem hiesigen Grubengebäude entdeckt worden ist.

Ausser der Theresien-Grube kommt noch eine Bley- und Silbergrube unter dem Namen Johannes Segen unfern der Löwenburg vor. Diese Grube liegt im Amte Königswinter eine halbe Stunde landeinwärts der Löwenburg. Auch hier kommt Bleyglanz vor, so wie die nachbarschaftliche Gegend durchgängig sich am liebsten zur Bleyglanz-Formation zu verhalten scheint, worauf die meisten Schürfarbeiten ausgehen.

Der hiesige Gang, welcher mit Quarz und Bleyglanz ausgefüllt ist, war durch eine mit Basalt ausgeheilte Kluft, welche in ihrer ausserordentlichen Mächtigkeit durch Bol und Grauwacke-Geschieben begleitet war, gänzlich abgeschnitten; aber der Gang ist wieder beiläufig in seiner Hauptstunde ausgewichtet, nachdem man mit dem Stollen dieses Gebirge an 30 Lachter durchschrothen hat. – Im hiesigen

Basalte befindet <57> sich bituminöses Holz; Herr Bergmeister Bleibtreu besitzt eine Stufe Quarz mit Bleyglanz, welche auf dem Abschnitte des Ganges gebrochen hat, und wo der Basalt sich anlegte, ohne in die Gangart einzudringen.

Geht man von Honnef aus gegen Ost; so führt der Weg durch Weinberge in ein flaches, weites, irreguläres, allenthalben mit Weinstöcken bepflanztes Thal, eigentlich nur eine Vertiefung, die Gerstwiese genannt. Dort stehen einige Basaltknobben, Basaltstücke nämlich, die im Festen und nur etliche Fuss hoch zu Tage ausstehen.

Vor ungefähr 18 Jahre brach ein Besitzer eines solchen Weinberges Steine zum Behufe eines kleinen Gemäuers von einem solchen Knobben und fand darin sehr schöne schneeweisse, haarfeine Klümpchen, kurz Zeolith, der durch den verstorbenen bekannten Mineralienhändler Herrn Thibaut in Bonn weit umher verkauft wurde. Die Mutter ist ein schwarzgraues, etwas schimmerndes, basaltisches Gestein, wie die <58> Basaltporphyre von feinem Gemenge, im Kleinen feinsplitterig, im Grössern grobsplitterig, und führt ausser häufiger schwarzen krystallinischer feiner Blende, einzelne gelbe oder braune Quarzkörner.

Ungewöhnlich häufig enthält dies Gestein blass- und goldgelben Schwefel-Kies, zwar nicht in jedem Stücke, aber wenn er einmal auf einer Fläche vorkommt, in beträchtlichen dicht und anhaltend neben einander ausgestreuten Flecken, die zuweilen mit divergirenden Strahlen aus einem Mittelpunkte auslaufen. Er findet sich nicht nur eingesprengt, sondern auch in feinen Schnürchen durchsetzend mitten in gewissen rundlichen halb- bis ganzzölligen Massen, die Herr Nose für eine Modification des Pechsteines hält. Einige Nieren grünlichen Specksteins enthält das Gerstwieser Gestein auch; sie sind gemeiniglich klein, seltener von halb bis anderthalbzölliger Lange; sie verwittern zu einer sehr weichen, anfangs noch etwas grünlichen, zuletzt aber <59> vollkommen und blendendweissen Erde, die unter den Zähnen wie Haarpuder knirscht, jedoch nicht schleimig ist. Es ist Steinmark. Man findet hier dasselbe, wie den Speckstein, in einzelnen oder zusammen gehäuften Drüsen und Flecken, wozwischen krummlinig geschlängelte Trümmchen des Hauptgesteins, oder breitblätteriger gelb- und grünweisser Feldspath hindurchsetzen. – Kommt der weisse oder gelblichgraue, etliche Linien grosse gemeine Feldspath in dem Hauptgesteine einzeln vor; so ist seine Figur oft rundlich oder nierenförmig, im letzten Falle mit verschiedenem Durchgänge oder Richtung seiner Blätter. – Auch enthält dies Gestein nicht ganz selten einige Flecken Glanzspath.

Der Zeolith findet sich hier häufig dicht, entweder eingesprengt oder in runden, ovalen gedruckten, nierenförmigen Körnern. Die Körner gehen von dem sehr Kleinern zur Grösse einer starken Erbse über. Seine Farbe ist milchweiss, versieht sich aber nicht selten in das bläuliche oder <60> wirklich schmalteblaue. Auch kommt er oft strahlig oder fasrig in grössern länglichen, von einem Viertel bis zu anderthalb Zoll grossen Stücken vor, und entfaltet sich manchmal zu den feinsten freistehenden Krystallen.

Der hiesige Zeolith verwittert übrigens wie jeder andere, in eine weisse mehlige, doch oft noch mehr oder weniger fest zusammen haltende Substanz und färbt sich bei hinzugekommenem Eisenstoff gelb, braun. Wenn die Verwitterung nur erst die Oberfläche der Prismen betroffen hat; so scheinen sie wegen des durchsichtig gebliebenen Kerns hohl, sind es aber nicht.

Setzt man von der Gerstwiese den Weg südlich durch einen ausgefahrnen Hohlweg fort, der über den Rücken des Steinbusches führt, und dessen Gestein ein grauer bröcklicher, sandiger, tonnlegig einschiessender Schieferthon ist; so gelangt man zu einem ähnlichen, auch niedrigen, langrückigen Vorgebirge; <61> und endlich geht man über eine Fläche südlich dem Hemmerich zu, der sich aus ihr kegelförmig erhebt, dicht bebuscht ist, an einem Theile der Nordseite viel Steingerülle hat, und bei nicht gesunden Stücken aus einem grauen hornartigen Porphyr mit vielen weissgraulichen Feldspathflecken und etwas Blende besteht. Er ist im Ganzen dem Breibericher ähnlich.

Geht man vom südlichen Abhange des Kemmerichs hinab; so gelangt man durch ein kleines Thal zu dem benachbarten Mittelberge, der von Form jenem ungefähr gleich, nur nicht so hoch, auch etwas breiter ist, übrigens aber belaubt und an den Abhängen voll loser herabgerollter Stücke ist. Der Hornporphyr daher gleicht, wenn er noch nicht verwittert ist, dem vom Spitzberge bei Oderwitz in der Lausitz; nur ist er etwas dunkler grau als dieser und führt schwarze Blende.

Vom östlichen Abhange des Mittelberges hinab gelangt man durch ein flaches <62> Thal zu dem einige Büchsenschüsse weit davon befindlichen Bruderkunzberg, dessen West- und Mittagsseite ziemlich hoch oben nacktes Gestein darbeut, das dort unregelmässig senkrecht gerissen, unten im Thal zu grossen und kleinen herabgerollten Blöcken vorkommt. Gesträuch bedeckt hier wie aller Orten das meiste. Er besteht aus einer schwarz bläulichgrauen mit heller grauen, ziemlich geradlinigen Streifen und Rändern durchzogenen, im

Grossen etwas schieferigen Steinart, die das Mittel zwischen Hornstein und Jaspis hält; für jenen ist der Bruch zu wenig splitterig, für diesen zu unvollkommen muschlig. Doch nahet sie sich dem Band-Jaspis mehr als dem Hornstein. Die Bruchstücke sind unbestimmt eckig, scharfkantig. Das Ganze ist bis auf die feinsten Kanten undurchsichtig; es gibt am Stahle ziemlich viel Feuer. – Zu ganz gesunden Proben des dortigen Porphyrs kann man nicht ohne Mühe gelangen; dazu ist er nicht sowohl zu hart, als zu zähe; und wo er nur irgend zu Tage <63> aussteht, meist ziemlich tief hinein schon etwas verändert. – Ist das gebänderte Fossil im gesunden Zustande, so nähert sich seine Farbe merklich der bläulichschwarzen. Die gelblich-grauen Streifen scheinen ihre gerade Richtung zu erlassen, wenn Verwitterung auf das Gestein gewirkt hat. Durch sie werden die Farben der Tageflächen oder Klüften wie gewöhnlich, erdgrau, braun; und es scheint, genau betrachtet, zuweilen äußerst fein porös zu seyn. Dadurch gewinnt denn das Fossil viel Aehnlichkeit mit manchen Laven des ersten Grades. – Dieser Berg hat verschiedene Absätze.

[Asberg, Leitberg etc.]

Gegen Mittag, eine starke Stunde davon liegt der Asberg. Man geht dahin durch mehrere brüchige, mit einzelnem Gebüsche besetzte Wiesen und eine sanft ansteigende Fläche, aus welcher viele kleine Basalthügel, wovon der eine Steinchenhügel heisst, hervorragen. Er selbst zieht sich der Länge nach von Südost nach Nordwest, bildet hier eine höhere, dort niedrigere, <64> ziemlich steil zu ersteigende Kuppe, die von allen Seiten mit unzähligen grossen und kleinen, zuweilen irregulären säulenförmigen Basaltstücken besteht, zwischen denen sich einzelne, oft starke Eichen und Büchenbäume durchgezwängt haben. Oben auf ist eine nach Süd zu West etwas eingesänkte Plane. Rund um sie her stehen fünf- und sechsseitige mannichfaltig gestürzte Basaltpfeiler. – Der dichte Basalt daher und vom Steinchenhügel ist von gewöhnlicher Art, enthält ziemlich viele, meist sehr kleine Glaskörner, grössere verschiedentlich gefärbte Quarz-Parthien mit Feldspath und schwarzer Blende gemengt; die letztgenannte erscheint hier zuweilen in Zoll langen krystallinischen Massen. Bei der unverkennbaren Anlage zum Blätterigen: die Ablösungen der Art sind mit einer braunrothen Haut bedeckt, wobei auch die gleichlaufenden Quersprünge nicht fehlen: gleicht sie in dem schlackigen Glanze, im muschligen Bruche in der Form der abgesonderten und Bruchstücke, in der Härte, u.s.w. <65> genau dem Turmalin von einer, wie dem so genannten Isländischen Achat von der andern Seite.

Sehr kleine schwarze Blende-Säulchen liegen sparsam in dem Asberger Basalt; grüne halbdurchsichtige hingegen zuweilen in einem feinen Gemenge weissen Feldspaths.

Von der südlichen Seite der niedrigem Kuppe des Asberges hinab geht es einer sehr niedrigen Anhöhe nach Südwest zu, die als ein Absatz des Leitberges betrachtet werden kann, der sich anfangs fast unmerklich, zuletzt aber stark und conisch erhebt. Sie besteht aus losen Basaltstücken dem Asberger gleich; nur finden sich weit mehr und grössere gelbe, braune und grünliche Quarzkörner darin. Der Leitberg selbst verdient um so mehr bestiegen zu werden, als Herr de Luc einen Crater darauf gefunden haben wollte. Schon tief im Thale bis hoch hinauf findet sich allenthalben eine zahllose Menge herabgerollter <66> Basaltblöcke und Stücke, zum Theil noch wenig bemoost, zwischen denen sich mancher Strauch und Baum erhalten hat. Hoch oben liegen gegen Mittag gleich einem Holzstosse wagerecht aufgeschichtete Basaltsäulen, von irregulärer Figur. Der Gipfel ist von unbeträchtlichem Umfange, aller Orten mit Basaltblöcken besäet, daher höckericht, und hat ungefähr in der Mitte eine rundliche, wenige Klafter grosse, etliche Fuss tiefe mit Bäumen besetzte Vertiefung, die sich gegen Nordwest in einen schräg in das Thal ablaufenden muldenförmigen, ungefähr 12 Klafter tiefen Absturz öffnet. Von beiden Seiten begrenzen diese Mulde schrägliegende Basaltsäulen, die von Nordost nach Südwest einschiessen, etwa zwanzig Fuss hoch aneinander gereiht stehen, bei sechs auch mehr Fuss Länge, drei bis sechs Viertel Fuss Dicke im Durchmesser, und vier oder mehrere Seitenflächen haben.

Der Hornbasalt des Leitberges ist dicht, hat in einem schwarzgrauen Grunde, der <67> bei hellem Lichte in seinen feinen Splittern durchscheinend und von horngrauer Farbe ist, sehr kleine schwarze Blende und dergleichen gelbe oder grünliche Quarzkörner beigemengt.

Steigt man nun an der Mittagsseite hinab, so kommt man etwa nach einer halben Viertelstunde auf den Rücken eines Berges, der dünnen zerbrechlichen Thonschiefer enthält. Seine Schichten stehen ziemlich auf dem Kopfe, wie man in dem tiefen und engen Thalschlucht sehen kann, worin ein Wässerchen rieselt.

Der nach eben dieser südlichen Richtung sich erhebende kahle Berg, den man nun ersteigt, ist sandiger, auch bröcklich: Sandstein-Schiefer. Wendet man sich von hieraus westlich in den Fuhrweg, der nach Rheinbreidbach führt; so kommt man über die Breidheide, und so fort über die stets niedriger werdenden Gebirge ähnlichen Gehalts dem Thale zu, worin Rheinbreitbach liegt. <68>

[Virneberg]

Bei Rheinbreidbach sind drei Kupfer-Bergwerke befindlich. Das erste heisst Virneberg oder die Josephs-Grube.

Dies Bergwerk liegt eine halbe Stunde von dem Städtchen Rheinbreidbach gegen Osten; gegen Norden hat es das Sieben-Gebirge, gegen Westen den Rheinstrom. Das Gebirg ist mittelmässig sanft aussteigend, und macht nach einer viertelstündigen Anhöhe eine Ebene, die Breidheide genannt, welche ebenfalls eine Viertelstunde gross ist, durch die auf beiden Seiten mit ihr laufenden Thäler aber rückenförmig gemacht wird. Weiter gegen Osten erhebt sich das Gebirg mehr wellenförmig, und besteht aus einem grauen Thonschiefer, dessen Spalten von Osten gegen Westen streichen; er lehnt sich nördlich gegen die südliche Lage der Vorgebirge vom Sieben-Gebirge an, und senkt sich, wenigstens zu Tage aus, mit einer flachen Tunnlege von zwanzig ein halb Grad gegen Süden ein. <69> Dies Bergwerk ist seines gediegenen Kupfers und noch mehr wegen der herrlichen rothen Kupfer-Blüthe überall bekannt. Dabei ist es eines der ältesten nicht nur des ehemaligen Kurfürstenthums Köln, zu dem es gehörte, sondern auch der benachbarten Länder.

In der mittlern Teufe fand sich vor 15 – 16 Jahre nebst verschiedenen alten Strecken ein unbekannter Hauptstollen aus Nord in Süd laufend, bei welchem deutlich die Art der Arbeit vor Erfindung des Schiesspulvers bemerkt werden konnte. Auch wurde in einer uralten bemoosten Berghalde am Ausgehenden des Erzganges zu Tage, eine römische Denkmünze gefunden, welche die Ausschrift führt: *Antoninus Aug[ustus] Pius*. Da nun der Virnenberger Erzgang hier als eine, mehrere Lachter hervorragende Felsenmasse, eingesprengt mit Kupfererzen, erscheint: so ist es nicht Unwahrscheinlich, dass die Römer mit der hiesigen Erzniederlage bekannt waren. <70> Die wesentlichen Veränderungen, welche seit der Herausgabe der Orographischen Briefe im Rhein-Breitbacher Kupfer-Bergbau vorgegangen sind, bestehen in Folgendem: Man hat zur doppelten Benutzung der Aufschlagwasser[8] eine zweite unterirrdische Wasserkunst anzulegen unternommen. Diese Anlage ist aber durch die zu Bruch gegangene Radstube, welche der damalige Steiger im alten Kastenbau errichtete, missglückt, und einstweilen aufgegeben worden. – Dann sind zum Behufe der Kunst weitere Teufanlagen gemacht worden. Auch hat man mit vielem Vortheil bereits seit mehrern Jahren die alten Berghalden ausgeklaubt, und hierdurch viele Erze gewonnen, welche die Alten bei dem Ueberflusse der Erzförderung nicht gehörig gemacht haben mögen.

Vor einigen Jahren wurde das obere Virnenberger Feldort, welches seit 50 Jahren nicht betrieben worden war, wieder aufgewältigt, und demselben auf 15 Lachter <71> Seigerteufe ein Tagschacht zur Berg- und Wetterlösung vorgeschlagen; hierdurch wurde ein neues Gangmittel erschrothen, worauf unter andern das phosphorsaure Kupfer

[8] Als Aufschlagwasser bezeichnet man das Wasser, welches für den Antrieb von Wasserrädern, Wassersäulenmaschinen oder Wasserturbinen eingesetzt wird. Eine besondere Bedeutung kam dem Aufschlagwasser im Bergbau zu, dort wurde es zur Wasserhaltung, Schachtförderung oder Fahrung, aber auch auf Pochwerke und Erzwäschen eingesetzt. (nach Wikipedia)

gewonnen wird, welches Herr Jordan sehr schön und genau beschrieben hat.

Da die Alten den Grundstollen auf dem Gange nicht so weit aufgefahren haben, als derselbe mit dem 22 Lachter höhern Obernfeldort aufgeschlossen ist, so besteht auf dem letztern eine grosse Strecke in der Länge noch ganz unverritzter Sohle: man hat also gegründete Hoffnung, im Fortbetrieb des Grundstollens noch ein ansehnliches Gangmittel zu vertrocknen und in Ban nehmen zu können. Ein einige 40 Lachter Seigerteufe einbringender Tagschacht wird zum Fortbetrieb des tiefen Stollens gesunken, und hierdurch frische Wetter zugeführt und bequeme Förderung verschafft.

Seit Herausgabe der O[rographischen] B[riefe][9] ist der Kunstschacht noch in keine weitere Teufe <72> gesunken worden; indem man nicht für alle Jahreszeiten die erforderlichen Aufschlagwasser zum Umgange der Wasserkunst sich verschaffte.

Man begnügte sich dagegen in ungefähr 7 – 8 Lachter Teufe unter dem Grundstollen einige Gangmittel zu belegen, wovon das eine, die sogenannte Klocke, das so beliebte haarförmige krystallisirte Rothkupfererz lieferte, welches am liebsten mit Kupferglanz, Kupferziegelerz und gediegenem Kupfer vorkommt; hingegen bereits seit einem Jahre ganz verschwunden ist, wie solches vordem für einen langen Zeitraum schon einmal der Fall war.

So wie in der hiesigen Grube durchgängig das Nebengebirge des Ganges mit Grauwacke und Thonschiefer abwechselt; so hat besonders aus vorgedachtem Abteufen ein Querschlag in das hangende

[9] D.i. (Nose, 1789 f).

Nebengebirge auf den Ablösungen der Grauwackenschichten ganz vorzüglich schön gediegenes Kupfer geliefert. <73> Ein zweites Gesenk unterhalb dem Grundstollen wurde beiläufig vor dem zu Bruch gegangenen Grundstollenfeldort gegen Mitternacht gesunken.

Dieses Abteufen, der sogenannte Backofen, führte mit abgewechseltem Glücke einigen Erzbau auf einigen mit alten Arbeiten schon berühmten Nebentrümmern des Ganges. Man bauete hier in 9 Lachter Teufe auf Kupferschwärze, welche mit Kupfergrün vorkommt, und aufwärts dem Grund-Stollen schöne Drusen von krystallisirtem Nadel- und säulenförmigen weissen Bleyerz darbot, wobei dann Bleyglanz und schwarze Blende die steten Begleiter waren.

Erst vor einigen Monaten ist auf diesem Gangmittel die tiefste Sohle des alten Baues gewältiget worden.

Der jetzige Berginspector Herr Bleibtreu zu Rheinbreitbach liess zur Erreichung dieser Absicht mit der grössten Entschlossenheit ein Gesenk durch den alten Bau sinken. <74> Ohne Grubenriss oder andre Nachrichten, vom Verlas und der Teufe dieses Baues ging man unter mannichfaltigen Erschwernissen und Gefahren auf der Verflachung des Ganges nieder, und bestand muthig alles dieses, in der Hoffnung auf diesem Punkt bei Ersinkung der ganzen Sohle dem Werke wieder eine dauerhafte Existenz zu verschaffen.

Der Herr Oberbergrath Cramer zu Wiesbaden., ein thätiger Beförderer des Bergbaues, hatte dem Berginspector auf das dringendste diesen entscheidenden Versuch zur Teufe empfohlen und früherhin schon aufgemuntert mit einem Gesenke in das Tiefste der Grube nieder zugehen; dieser Zweck wurde dann im 13ten Lachter Seigerteufe unter dem Grundstollen und beiläufig 70 Lachter von Tage nieder wirklich auf das glücklichste erreicht.

Man konnte alsogleich ein 20 Lachter langes unverritztes Gangmittel in Bau nehmen, welches mit 1 – 2 Fuss mächtigen Poch- und Scheiderzen niedersetzt, und für die <75> Zukunft, wenn man für hinlängliche Aufschlagwasser der Kunst sorgt, das Werk wieder in sehr ergiebige Umstände versetzen kann.

Obgleich dieses Erzmittel, vorerst nur beiläufig zwei Drittel des Jahrs sumpf zu halten, und bei trockner Jahrszeit, wegen Mangel an Aufschlagwasser der Kunst wieder zu verlassen ist; so darf man doch annehmen, dass durch diesen Hilfsbau, den hohen Verkaufpreisen des Kupfers, und vorzüglich durch die Unterstützung des Fürsten von Nassau-Usingen, dem diese Gegend bei der neulichen Secularisation zugefallen ist, und welcher dem hiesigen Bergbau schon verschiedene wesentliche und aufmunternde Begünstigungen, wie z. B. gewisse zehendfreie Jahre u.s.w. gewährte, die Virnenberger Gewerkschaft zuversichtlich hoffen kann, ohne weitern Zubussen unterworfen zu seyn, alle noch erforderlichen Anlagen zur Aufnahme des Werks bestreiten zu können. <76> Noch finde ich es hier an seiner Stelle zu bemerken, dass Basalt und Bol in mächtigen Gebirgslagen in der Virneberger Grube vorkommen, und zwar ist durch den Grundstollen Basalt einige Lachter Abstand vom Gange im liegenden Nebengebirge durchstochen worden, desgleichen 50 Lachter Abstand vom Gange im hangenden Nebengebirge, wo in 12 Lachter Teufe von Tage nieder der oben gedachte Förderschacht Basalt ersunken hat; man hat demnach dieser Gebirgsart in 12 und beiläufig 50 Lachter Teufe schon begegnet.

Bol kommt auf den gedachten Punkten abwechselnd mit Basalt vor. Beide Gebirgslagen führen bituminöses Holz einliegend, aber nicht in beträchtlichen Parthien, und auch nur in 32 bis 18 Lachter Teufe des Förderschachts. Jenes bituminöse Holz ist innigst mit Schwefelkies durchdrungen. Auch bricht blätterich gediegenes Kupfer in Bol, und zwar in der obern Teufe nur fein eingesprengt, hingegen in den Kunstschachte, <77> d. i. einige 60 – 70 Lachter Teufe sehr derb als Ueberzug des Bols.

Merkwürdig ist auch das Vorkommen dieser Gebirgsarten, da solche im Grund-Stollen öfters mit Grauwacken absetzen, fast möchte ich sagen – gangmäsig aussetzend durchschrothen worden. Ja, es besteht sogar der Fall, dass ein Nebentrumm des Ganges, welches gediegen Kupfer einschliesst, zum Theil mit Bol ausgefüllt ist, wohingegen die Gangmasse aus Quarz besteht, in welchem auch das gediegene Kupfer bloss einbricht.

Bei der Absinkung des oben angeführten Förderschachts und bei dem Vorkommen des Basalts und Bols, wurde ein neuer Gang {Theresia} entdeckt, welcher in Ansehung der Gang- und Erzarten ganz zur Formation des Hauptganges gerechnet werden kann, über 1 Lachter an Quarz mächtig ist, und mit eingesprengten Kupfererzen die Streichungs- und Fall-Linie des <78> Hauptganges fast parallel einhält, hingegen in 30 Lachter Abstand desselben im hangenden Nebengebirge aussetzt.

Gegen Süden geht dieser Gang noch mit höflichen Anzeigen zur Veredlung aus, hingegen gegen Norden ist solcher bei Ersinkung des Bol und Basalts nicht nur abgeschnitten, sondern auch aus einem fast seigern, in eine sehr tonnlegige, dem Hauptgange ähnliche Falllinie verschoben worden. Der Schacht ist bereits in 27 Lachter Teufe gesunken, und hat den Basalt und Bol absetzend mit Grauwacken auch hier, wie in der Grundstollenteufe befunden. Der Gang ist durch einen Querschlag in jener Teufe des Schachts auf seiner Verflachung wieder ausgerichtet worden; auf der Streichungslinie durch die abschneidenden Gebirgslager gegen Norden hat man aber noch zur Zeit nichts zur Ausrichtung des ohne Zweifel fortsetzenden Ganges unternehmen können, um die Ausförderung nicht zu sehr wegen dem Abteufen zu belästigen. <79> Mit der Zeit, wo sowohl hier als in der Grundstollenteufe der Bau zu grösserer Erweiterung kommt, ist über das Verhalten der Gänge zu jenen Gebirgslagen gewiss ein sehr interessanter Aufschluß zu erwarten.

Die Interessenten, welche die Virnenberger Gewerkschaft ausmachen, sind:

Hrn Gebrüder Bolckhaus in Köln mit	16 Stämme.
Erben Wirtz aus Köln	16
Zusammen	32 Stämme.

Die Knappschaft besteht an Tag- und Grubenarbeitern aus beiläufig 100 Köpfen.

Von der Virnenberger Markscheide gegen Abend wurde ein neuer Gang auf der breiten Heide erschürfet, und mit dem Namen ›Carlsglück‹ und dessen Continuation eines zweiten verliehenen Feldes mit jenem ›Bolckhausens-Erzlust‹ belegt. <80> Dieser Gang streicht von Morgen nach Abend, und fällt von Mittag nach Mitternacht; seine Falllinie ist äusserst tonnlegig unter einem Winkel von 20 –50 Graden.

Die Ausfüllung des Ganges erweisst sich vollkommen nach derjenigen der Virnenberger Formation, und in 5 Lachter Teufe ist derselbe mit derbem Kupferglanze ½ bis 1 Fuss mächtig veredelt. Die Mächtigkeit des Ganges ist 6 – 7 Fuss meistens Quarz und etwas Hornstein.

Da in den Schächten äusserst starke Grundwasser und Wettermangel das fernere Sinken erschwerten; so wird dieser Grube aus einer gegen Norden ausgehenden Schlucht ein Grundstollen angetrieben, welcher bereits 150 Lachter aufgefahren ist, 19 Lachter Seigerteufe einbringt, und bald sein Ziel erreichen muss.

Auch in diesem Gebirgsdurchschnitte hat man schon Bol durchschrothen, welcher <81> ehemals offne Klüfte ausgeheilt oder gefüllt zu haben scheint.

In der obern Teufe war man hingegen neulich im Auffahren auf dem Gange 5 Lachter Teufe auch in Bol erschlagen; nachdem man hingegen auf die Anordnung des Herrn Bergmeisters Bleibtreu in der Hauptstunde kaum 2 Lachter das Ort fortgetrieben hatte; so wurde der Gang wieder ausgerichtet.

Die Carlsglücker Gewerkschaft besteht aus folgenden Herren interessenten:

Hrn. Gebrüder Bolckhaus in Köln	8 Stämme
E. und C. Rhodius in Mühlheim	16
Gebrüder Bleibtreu	8
	32 Stämme.

Die Grube ist mit 10 – 12 Mann belegt.

[Das Marienberger Kupferwerk]

Von dem Virnenberg eine kleine halbe Stunde gegen Süden liegt das Marienberger Kupferwerk. – Diese Grube kam anfangs der 1790er Jahre zum Erliegen. <82> Von 1750 bis 1772 war diese Grube eine der einträglichsten der Rhein-Gegend.

Das Kupferausbringen belief sich jährlich auf 1.000 Centner, und die reine Ausbeute soll nach mehrern Nachrichten vom ehemaligen Betrieb jährlich 16.000 Rthlr ausgetragen haben.

Die unermesslichen Berg- und Waschhalden, und die zum Strassenbau zum Theil in der Gegend und bis zum Rheine verführten Kupferschlacken, zeugen von einem ausserordentlich wichtigen Berg- und Hüttenbetrieb, welcher um so weniger auffallend seyn kann; da noch lebende Augenzeugen und Documente das Haupterzmittel auf 72 Lachter Länge und 2 – 3 Fuss mächtigen derben Kupferkies-Anbrüchen angeben.

Dieses Erzmittel ist mittelst der Wasserwältigung von zwei Wasserkünsten und einem Pumpengesenke noch unter dem 40 Lachter tiefen Kunstschacht an 25 Lachter <83> unterhalb dem Grundstollen vertrocknet und abgebauet worden.

In eben gedachter Mächtigkeit und edelm Verhalten sollen die Anbrüche zur unverritzten Sohle niedersetzen, und bloss durch ein 1772 entstandenes Missverständniss über die Verzehntung ist das Tiefste verlassen worden. Die Künste waren nämlich wegen eines entstandenen Rechts-Streits über die Zehendabgabe vom damaligen einzigen Gewerken Freiherrn von Haack ausser Umgang gesetzt worden, und als derselbe nachdem über die Verzehntung wieder beruhiget worden; so befanden sich die Künste in einen so vernachlässigten

Zustande, und der tiefe Grubenbau hatte auf einigen Punkten Erschwernisse der Art während dem Verlas des Tiefsten auftreten lassen, dass man ohne neue Anlagen die Wasser nicht mehr wältigen konnte, und kurz – das Werk zum Erliegen brachte.

Es war nun im Jahre 1797, dass dieses Werk wieder auf das neue in Betrieb genommen worden ist. <84> Nachdem alle Taggebäude zu Wohnungen der Bergbedienten, der Erzscheidung, Poch- und Wasch-Aufbereitung und der Schmelzhütte nebst Kohlenschoppen wieder aufs neue erbauet oder dem Einsturze entrissen waren; so eröffnete man den Grund und die obern Stollen, gewältigte die meisten Schächte und Strecken oberhalb der Grundstollenteufe und nahm einige obere Gangmittel in Betrieb.

Die Wältigung der tiefsten Grube war aber der Hauptzweck, worauf das Werk in erneuerten Betrieb gelangte.

Man ist seit mehrern Jahren mit Anlagen zweier Wasserkünste und dahin einschlägigen Grubenvorrichtungen beschäftigt, und gegenwärtig, wo diese Anlagen zum Theil vollführt sind, schon ungefähr 5 Lachter unterhalb dem Grundstollen im Wältigen.

Die eine Kunst ist am Tage und die andere 20 Lachter Teufe vorgerichtet, so dass die Aufschlagwasser von der obern der untern Kunst zufallen. <85> Da man die Teichlagen um die Hälfte gegen den ehemaligen Inhalt erweitert, und hier und auf andern Stellen die Beiführung der Aufschlagwasser sehr vermehrt hat, auch die jetzige unterirdische Kunst an 14 Lachter tiefer wie diejenige des letzten Betriebs steht; so kann man nun solche Aufschlagwasser benutzen, welche jener von den untern Grubenstrecken entgingen. Ohne noch der Verbesserung an den Künsten an und für sich selbst zu gedenken, hat man zuversichtliche Hoffnung in einem kurzen Zeitraum die Wässer zu wältigen, wovon dann die um so grössere Aufnahme des Werks abhängt; da die Kupferpreise, welche bei dem letzten Betrieb sehr gering standen, nun ansehnlich gestiegen sind.

Noch zur Zeit befindet sich die Gewerkschaft bei den erforderlichen Anlagen in Zubusse.

Die Interessenten der Gewerkschaft sind:

Hrn. Gebrüder Bolckhaus 8 St.

Gebr. Bleibtreu 8 St.

Gebr. E. und C. Rhodius 16 Stämme. <86>

Die Knappschaft besteht eingeschlossen der Tagarbeiter aus 140 Köpfen.

Die detaillirtern Nachrichten über die Rheinbreitbacher Kupferbergwerke und die beiden Bleygruben an der Löwenburg hatte Herr Bergmeister Bleibtreu die Güte mir zukommen zu lassen, und ich statte diesem gelehrten und erfahrnen Bergmann hiermit meinen verbindlichsten Dank ab.

[Unkel]

Von Rheinbreitbach aus geht man am Fusse der Thon- und Sandstein-Schiefer-Gebirge über die Fläche hinweg, die ehemals einen Theil des Rheinbettes ausmachte, zu dem eine Viertelstunde davon entfernten Oertchen Scheuren. Nahe dabei gegen Süd befindet sich ein Berg, der Judasberg. Die Höhe dieses Berges beträgt ungefähr 300 Fuss. Er ist nicht isolirt, sondern nur von dem hinter ihm in Ost und Nordost befindlichen Gebirge, der Scheurener und Bruchhauser Heide, die unter einer 6 bis 8 Fuss hoben Kieselgrus und Grauwacke gemengten Dammerde gemeinen Thonschiefer <87> und keinen Basalt führen, mit der Kuppe niedriger gesetzt. – Der Unkeler Stunksberg, der aus flach gegen Süd geneigten Sandstein-Schiefer besteht, wird von ihm durch ein ziemlich weites Thal abgesondert, und verflacht sich mit der letztgenannten Heide eine halbe Stunde davon ab, südöstlich. – Merkwürdig machen den Judasberg die abwechselnden fast senkrechten gegen Osten geneigten Fälle von Basalt und sandigen Thonschiefer, der in Flötzlagen auf einander liegt, und gegen Südost hinschiesst. Der Basalt ragt an der südwestlichen Seite in einer zwanzig bis fünf und zwanzig Schritt breiten bebuschten Kuppe hervor, darauf folgt ein hundert Schritt mächtiger Thon- und Sandstein-Schiefer, dann wieder Basalt von gedachter Breite, der hier in der Mitte des Berges als grosse Masse nackt zu Tage aussteht, nach dem Fusse zu hingegen mit Weinreben bedeckt wird. Am südlichen Gehänge trifft man wieder die nämliche Schieferart. Der Basalt ist demnach hier mit Schiefer ganz umgeben. <88> Der Schiefer dieses Berges ist zum Theil thonig, von mannichfaltig grauer Farbe, ohne oder mit etwas weissen Glimmer, zum Theil sandsteinartig. Auf den Klüften der kieselreichen Abart sind kleine weisse und gelbe Quarzkrystallen angeschossen, wozwischen nicht selten ein brauner Eisenmulm, wie auch in einigen kleinen Hohlen ein schwarzer kugelichter Glaskopf befindlich ist. An andern Stellen bildet der Thonschiefer das Saalband.

Bei dem Basalt des Judasberges, der nach Massgabe des Bruchs von krummschaligen abgesonderten Stücken schieferig kugelicht vorkommt und am Stahle reichlich Feuer gibt, ist zu bemerken, dass er ziemlich viel, kleinere oder grössere weisse, gelbe, braune und apfelgrüne Glaskörner, schwarze oft glasicht glänzende Blende führt, und dabei, wie an dem Unkeler Basalt-Brüche, auf dem westlichen Ufer des Rheins Porcellan-Jaspis. Seiner schönen Lilla Farbe halber fällt er einem gleich auf; sie erhöht <89> sich zuweilen in die violetrothe oder sie erbleicht bei der Verwitterung in die schmutzig weiss- und gelbgraue. Die Grösse der Massen ist verschieden, von einer Linie bis zu drei rheinischen Zollen, auch wohl mehr. Eine Abart ist inwendig matt, völlig undurchsichtig, im ganzen Gefüge schon ziemlich schieferartig. Die zweite Abart ist kieselreicher, um vieles härter, der Glanz beträchtlicher. In beiden Abarten trifft man nicht nur dann und wann ein einzelnes weingelbes Citrinkörnchen an; sondern es durchziehen oder durchschlängeln sie auch häufiger einzelne Streifen einer gräulichweissen, braungelben schwarzgrauen Quarzmasse.

[Erpel, Kasberg]

Von Scheuren geht es Links von Unkel und Heister vorbei durch Erpel, welches eine Stunde von Rheinbreitbach abliegt. Die Thon-Schiefer-Gebirgskette wird nahe dabei durch einen etwas vorspringenden zufolge der Messung 697 Fuss hohen Basaltberg {die Erpeler Ley} unterbrochen. Der obere nackte Theil von unten gesehen erscheint wellig, <90> wie mancher Schiefer, gekrümmt. Steigt man hinan; so findet man irreguläre, im mittlern Durchschnitt etwa zehn zöllige Basaltsäulen, die zum Theil tonnlegig, von Nordwest nach Südost einschiessen, und bald gerade, bald gebogen, geschlängelt, durch einander gekreuzt, gegliedert vorkommen. Die oberste Fläche beträgt eine halbe Stunde im Umkreise; der nordöstliche Abhang, der jähe abfällt, ist bebuscht. Südöstlich, etwas hinter ihm, schiebt ein etwas niedrigerer spitziger, verschiedentlich eingeschnittener Berg, eigentlich mehrere Kuppen von Säulen-Basalt hervor; man kann ihn als Anhang der Erpeler Ley ansehen. – Umher ist alles Thonschiefer.

Der Basalt selbst hat nichts unterscheidendes. Er gibt mit dem Stahle wenig Funken, verwittert leicht, wird dann stark eisenschüssig, auch bläulich und grobkörnig, und stellt eine nicht wohl zu erkennende Annäherung zu den Basaltporphyren dar. <91> Wendet man sich etwas weiter über Erpel hinauf nördlich in das Thal, worin das Dorf Kasbach liegt; so kommt man östlich in einen steilen Berg, der kein festes Gestein zu Tage sehen lasst, und aus der lehmähnlichen Erdart, worin der Basalt oft verwittert, zu bestehen scheint. Vom Rücken dieses Berges nordöstlich findet man einen gebahnten Weg, worin die bisher nur einzelnen Basaltgeschiebe häufiger werden. Man findet hier {doch selten} Proben von Hornstein, der zu schwarzgrauen Jaspis modificirt ist.

Unweit dieses Pfades in Südost erblickt man eine nicht sehr erhabene Kuppe, die ganz aus Basaltstücken besteht; doch soll zuweilen ein ziegelrother dichter grobsplitteriger Wurststein mit hornartigem Grundc dort gefunden worden seyn. – Nordöstlich steigt aus einer engen und tiefen Thalschlucht, in der ein Bach rauscht, ein anderer ungefähr eben so hoher Berg hervor, dessen westlicher schroffer Absturz zum Theil nackt <92> ist, und aus der Ferne sehr schräge, bei nahe seigere Basalt-Schichten zeigt. – In der Tiefe finden sich die Köpfe von regelmässigen sechsseitigen Basaltprismen schräge, und ausstehend von anderthalb bis zwei Fuss Mächtigkeit.

Jene Schichten sind auch Säulen-Basalt, nur erscheinen sie ihres dichten Gefüges und der Veränderung wegen, die sie als Tagegestein erlitten haben, im vertikalen Abschnitt nicht deutlich als solcher. – Die Aehnlichkeit mit dem Erpeler Gestein ist einleuchtend.

Diese Berge heissen die Kasberge. Geht man von ihnen den Fuhrweg nach Süden zu; so erreicht man einen Thonschieferberg, von dessen Höhe es sichtbar wird, dass ein thoniger Sandflötz diese Berge von der Nordostseite überdeckt, und ihre Scheitel zu einer beträchtlichen Fläche ebnet. – Von hier geht es über eine sanft entgegen gelehnte Fläche durch das nahe Dorf Olenberg <93> über weite sandige Fruchtfelder immer höher, und endlich, nachdem man eine zeitlang durch Gesträuche gegangen ist, befindet man sich auf einem Fahrwege am südöstlichen Fusse des Mendeberges. An der Südseite desselben befindet sich ein Steinbruch. Vorzüglich schöne und regelmässige Basaltschiefer findet man hier. Sie sind mehrentheils sechsseitig, eilf und mehrere Fuss lang {so weit sie nämlich entblösst zu sehen sind} sechs bis zwölf Zoll im Durchmesser dick, stehen im Ganzen fast seiger, nur wenig nach Süd geneigt, meist dicht aneinander gereiht; die Fugen pflegt eine strohhalmdicke weisse, auch gelblichbraune thonige, zusammengebackene Erde auszufüllen.

Dieser Basalt ist von feinem und gedrungenem Korne. Nur kleine Citrinkörner unterbrechen den ebenen in das splitterige übergehenden Bruch. Etwas schwarzer Blende in kleinen Säulchen trifft man ebenfalls darin an, wie auch kleine vieleckige <94> stumpfe Massen eines bläulichen oder bräunlichen zersplitterten durchscheinenden Quarzes, und – Zeolith derb und krystallisirt. – Ihm gegen über liegt der Hummelsberg. Wenn man am Mendeberg hinabgeht, wo man hinauf gekommen ist, und wendet sich dann östlich; so trifft man an dem Abhange hart bei dem Fuhrwege, der von Linz nach Asbach führt, ungefähr anderthalb Stunde von jenem Städtchen auf eine Stelle: Am Stösschen genannt, wo sich Braunkohlen in sehr grosser Menge finden.

[Braunkohle]

Die Gebirgslage ist sanft abhangend, und macht vom Renneberger Bach bis an den Fuss des Mendeberges, bei einer Länge von 460 Lachtern eine senkrechte Höhe von 100 Lachtern aus. Wenn man sich hierbei erinnert, dass der Graf Assenheim ostwärts der Stadt Friedberg, bei dem Dorfe Ossenheim vor kurzem mittelst eines Stollens ein Flötz von bituminösem Holze entdeckt, auch bereits dasselbe gegen 5 – 600 Lachter auf mehren Punkten erbohrt hat; dass auf dem Westerwalde <95> seit alten Zeiten ein lebhafter Bau darauf geführt wird; dass man neulich im Fuldischen dasselbe mehrere Fuss mächtig angetroffen hat, und nimmt nun die bekannte Thatsache dazu, dass die grosse Basaltbedeckung des Fürstenthums Fuld sich durch die Wetterau und den hohen Westerwald bis zum Rheine in die Gegend von Bonn zieht; so kann man nicht wohl zweifeln, dass die Niederlage von bituminösem Holze so, wie der Basalt, den gedachten grossen Landstrich in der Richtung von Nordwest gegen Südwest bedecken.

Entstanden diese Braunkohlen zur selben Zeit oder steht deren Entstehung auf irgend einer Weise mit dem Ereignisse in Verbindung, bei welchem sich die Braunkohlenlager am nördlichen Vorgebirge des Sieben-Gebirges bei Seeligenthal, zu Gladbach, in der Gegend von Bensberg, bei Paffrath und Allrath; auf dem westlichen

Rheinufer zu Hermülleim, Frechen, Weilerswist, Kierdorf, Walberberg und <96> vorzüglich die äusserst merkwürdigen und mächtigen Braunkohlen-Lager um Liblar und Bruel erzeugten? Einige davon, sind mit Thonlagern und Grand überdeckt oder fast bloss mit letztem. Herr Faujas hat die von Liblar und Bruel, deren Kohlen bald unter dem Namen Umber-Erde, bald Torf, bald braune kölnische Erde vorkommen, recht gut im Journ. des Mines, [Vol. 2], Nro. 36, p. 895 beschrieben. – Gewiss geschah das Ueberdecken der Braunkohlenlager vor mehreren tausend Jahren, als noch grössere Fluthen über den Boden gingen, den wir jetzt bewohnen. In den Braunkohlenlagern von Bruel und Liblar im Ruhrdepartement {vormals Kurkölnisch} finden sich Früchte, die klar beweisen, dass die Bäume, welche die dortigen Holzstämme oder Holzerde bilden, wenigstens zum Theil, ins Palmengeschlecht gehören.

Damals als am Rheine Palmen wuchsen, die nur in den heißesten Erdstrichen gedeihen, als dort Elephanten grasten, {denn auch <97> auch Elephantenzähne fand man im Rheine} da war das Clima heiss, wie zwischen den Wendekreisen, und die Stürme so, wie sie jetzt dort sind. – Was die Ursache der grössern Wärme in unsern Gefilden war, ist hier freilich nicht der Ort zu untersuchen; aber auch auf alle Fälle nicht leicht aufzufinden. – Eine Veränderung der Rotationsachse der Erde ist nicht wohl möglich, weil sonst die Applattungsachse der Erdsphäroide nicht senkrecht durch die Ebene unsres jetzigen Aequators gehen könnte. Die Veränderung der Schiefe der Ecliptik, die mir bis auf vier Grad von der mittlern abweichen kann, scheint auch nur wenig Einfluss auf die höhere Temperatur der Vorzeit gehabt zu haben.

Das Braunkohlenwerk Stösschen besitzt die Anzbacher Gewerkschaft. Seit der Herausgabe der O. B. ist hier nichts Neues vorgekommen; im Gegentheil die Grube kam durch einen Rechtsstreit ausser Betrieb. Man kann indessen doch mit Gewissheit annehmen, dass dieses Werk wieder <98> zur Aufnahme kommen wird; da nicht Mangel an den hier einbrechenden Kohlen solches zum Erliegen gebracht hat.

An der nordöstlichen Seite wird die Stelle: Am Stösschen, von einem Basaltrücken, der sich mit dem Fusse des Mendeberges verbindet, bis an jenen Bach, wo der Thonschiefer flachliegend ansteht, begrenzt; an der Südostseite besteht das Ausgehende dieses Gebirges aus kieselartigem Gesteine mit weissgrauen Letten und eisenschüssigen Flötzen.

Ueber einem sandschieferigen tauben Kohlenflötz liegt eine grau-, zuweilen ocher- oder braungelbe Thonart, weich, zart, kaum etwas sandig anzufühlen; sie klebt nicht an der Zunge, lässt aber auf ihr einen süsslich zusammenziehenden Geschmack zurück. Auf den Klüften läuft sie oftmals eisenschwarz mit metallischem Glanze an. In dem Flötze selbst wird dieser Thon bei der nämlichen Farbe dichter, aus ursprünglich feinen und dünnen, demnächst sehr <99> breiten, langen und dickern, ziemlich parallelen Blättern fest auf einander geschichtet. Spaltet man ein Schieferstück, das an dem einen Ende etwa abgelöst ist; so sieht man oft, so weit die Kluft gegangen ist, eine gedrängte Menge sehr kleiner blendendweisser und bei'm spätem Zutritt einer eisenhafter Feuchtigkeit gelbgefärbter weiss isolirter Knöpfchen, die unter der Glaslinse aus den feinsten durchsichtigen igelförmig- zusammengehäuften Prismen bestehen. – Wo der Schiefer noch nicht getrennt war, da liegen viertel bis halb Linien grosse, dünne, weisse, glänzende, durchsichtige Krystallen in länglich verschoben vierseitiger Tafelform. – Dies Haarsalz verdient eine chemische Untersuchung, die ohnedies nicht schwer ist. – Die hiesige Braunkohle ist {Trommsdorff, J. d. Pharm., B. IX, St. 1, S.118} von Herrn Funke untersucht worden. Es hat aber dabei ein Irrthum Statt gehabt, der a. a. O., B. XII, St. 1, S. 194. bemerkt ist. <100> Auch findet sich am Stösschen nicht tief unter der Dammerde ein Eisensteinlager. Der Eisenstein ist zellicht, durchlöchert und doch beträchtlich schwer.

Nordwestlich dem Mendeberge liegt der Düsemich; der Fuss von beiden stösst zusammen. An der Westseite des letzten steht irregulärer Basalt in ganzen Felsen zu Tage, und bildet über die Höhe des Berges einen schmalen Rücken. Er ist dicht, im Bruche schalig oder grobsplitterig, und führt schwarze Blende, auch bräunliche Glaskörner.

Ihm an Höhe und Ausdehnung gleich ist der Vettelschosserberg, der eine starke Stunde nordöstlich vom Mendeberge abliegt, und diesem ähnliche senkrechte Basaltsäulen auf seiner Scheitel darstellt. – Nordöstlich erhebt sich in viertelstündiger Entfernung der Geiskopf, der auch Basalt führt, aber keine Säulen entblösst zeigt.

Von dem Berge, der vom östlichen Abhange des Mendeberges so gut gesehen <101> wird, liegt südlich noch eine andre kleine conische Kuppe mit Ruinen auf der Spitze. Man kommt durch ein tiefes Wiesenthal in einer Stunde dahin. Am Fusse des breitrückigen Gebirges findet sich ein schräge einschiessender gelbgrauer Schiefer mit etwas weissem Glimmer, der bis zu einer beträchtlichen Höhe anhält; obwohl man auf dem Fuhrwege, der von Süd nach Ost gekrümmt hinauf führt, schon wieder basaltähnliche Geschiebe antrifft. Links ab von diesem Wege gegen West erhebt sich ein kleines nacktes in's Thal abschüssige Küppchen, am Bilstein genannt, dessen Höhe ungefähr das Drittel der Höhe des Mendeberges erreichen mag. Dort stehen fast seigere, nur wenige von West nach Ost geneigte Tafeln eines Basaltporphyrs zu Tage aus, der weisse Zeolith-Nieren hat.

Der Fuhrweg führt nun bald über Kornfelder auf den breiten Rücken des Berges, aus welchem die Kuppe des Renneberges hervorragt. Auf der Spitze stehen zerfallene <102> von Basalt, Trassquadern und Sandschieferstücken aufgeführte Mauern eines Schlosses, das den Grafen von Renneberg gehört hat. Der Basalt ist dicht, gleich dem Mendeberger.

Nordöstlich vom Renneberg, und nur eine starke Viertelstunde vom Mendeberg, mit dem er durch einen ab und wieder ansteigenden Rücken gegen Morgen streichend zusammen hängt, liegt der niedrigere Emmense-Hügel. Bis ziemlich hoch hinauf besteht er aus gemeinen, in diesen Gegenden so gewöhnlichen Thonschiefer. Die Kuppe zeigt gemeinen dichten Basalt.

Unweit davon gegen Südost liegt ein ähnliches Küppchen, der Söhnser-Hügel, ein Fortsatz des vorigen. Des Söhnser-Hügels südli che Seite fällt, mit losen Stücken besäet, tiefer in das Thal. Durch tiefe Thäler von grauen, ziemlich schräge geneigten Thonschiefer, gelangt man zu dem jähen, auch allenthalben mit Gesträuchen und Basaltstücken bedeckten Hummelsberg. <103> Sein Gipfel ist minder bebuscht und zeigt keine Vertiefung. Er zieht sich gegen Südwest eine Strecke weit mit einem schmalen Rücken fort. Sein Gestein ist ein gemeiner dichter glasreicher Basalt.

[Hargarten]

Geht man an der Abendseite herab durch das nahe bei gelegene Dörfchen Haargarten; so trifft man an dessen Ende, dem Rechts vorbeigehenden Fuhrwege nach, wieder ein basaltische Anhöhe: am Hügel genannt. Hier kommen grünliche Speckstein-Nieren ziemlich häufig, aber meist klein vor. Der Basalt gleicht dem vom Emmense-Hügel, brausst hier und da etwas mit Säure.

Geht man jetzt dem Fuhrwege gegen Süd nach, der auf Niederbreitbach führt; so kommt man bei einer Anhöhe fast dicht vorbei, die von dem dabei befindlichen Dörfchen der Ginsterhörner-Kopf heisst. Sie hat Säulenbasalt mit ganz kleiner schwarzer Blende, vielen kleinen Chrysolith und mehrere weisse sehr kleine ovale Kalkspath-Nieren. <104> Nicht weit davon liegen östlich die Linzer Hähne, zwei kleine Kuppen, neben welchen der Weg ebenfalls hinläuft. Die Grundmasse ihres Basalts ist die gewöhnliche. – Südlich, eine Stunde weit ab, erhebt sich aus einem beträchtlichen Bergrücken der Mörbels-Hügel. Geht man bei dem Dorfe Neuen-Hähne, das Links liegt, hinab und tiefer fort nach westlicher Richtung, worin ein Dörfchen Reifed liegt; so zeigt sich der Rossbacher-Hügel östlich aus einem Thale, in welchem der Wiedbach fliesst, spitz hervorragend und von der Ostseite mit Bergen umgeben. Er enthält grosse den Unkelern gleiche Basaltsäulen, die in schweren Pfeilern allenthalben umher liegen. Auf der Höhe hat er eine Vertiefung.

Dieser Kuppe östlich geht man dem Dorfe Breitscheid zu. Man erreicht dasselbe in einer starken Viertelstunde. In nördlicher Richtung nach ungefähr fünf Viertelstunden kommt man zu einem kleinen Oertchen, Perter genannt, an dessen Nordseite <105> der davon benannte Hügel liegt; sein Gestein besteht in unförmlichen kugelichten Basaltstücken.

Von der Höhe diese Hügels sieht man in Ost auf etwa drei hundert Schritt eine Kuppe, deren Höhe dreissig, ihr scharfer Rücken vierzig Fuss ausmachen mag. Sie senkt sich ostwärts gegen den Wiedbach, eine Strecke von einer Viertelstunde. Am jenseitigen Ufer gegen Norden liegt Ehrenstein, drei Viertelstunden von ihr ab. {Ein altes den Grafen von Nesselrode-Reichenstein gehöriges Schloss, und ein gleich daneben gebautes Kloster. Das Schloss steht auf einem mitten im Thale sich erhebenden, felsichten Hügel, der eine eigentliche Grauwacke ist, feinsplitterig, feinkörnig, mit etwas weissem Glimmer und bläulichschwarzen Thonschiefer-Flecken gemengt. Das Kloster wurde von der Familie Nesselrode im Jahre 1495 erbaut}. – An der Westseite dieser Kuppe bemerkt man ein kesselförmiges Loch. Herr Nose nennt diese Stelle die ›Asslachs-Kaule‹. Das ist <106> dieselbe Kuppe, die Herr von Schönebeck den Wolkenstein nennt.

> *Der Manrother Berg*, sagt er, *liegt eine halbe Stunde von Düsternau nach Westen zu; neben ihm liegt ein Berg, der offenbar ein erloschener Vulkan ist. Dieser erloschene Vulkan erhielt von den Entdeckern den Namen Wolkenstein.*

Der Becher desselben wurde vom Hrn. von Schönebeck zuerst gefunden. Dieser Becher ist jetzt zusammen gestürzt. Die Figur desselben ist elliptisch; seine grösste Höhe beträgt ungefähr sechs und zwanzig, seine grösste Breite sechs und dreißig Fuss. – Zuverlässig ist dies ein erloschener Vulkan. Man findet hier Basalte, die in Rücksicht des Grades, wie das Feuer auf sie gewirkt hat, sehr verschieden sind, und wenigstens vier Arten von Lava, ohne der Varietäten zu gedenken – von hier wieder zurück an den Rhein. –

[Linz]

Linz ist ein auf einer schiefen allmählig steigenden Fläche zwischen zwei Bergen unregelmäßiges gebautes Städtchen, das aber dennoch einige schöne Häuser hat; es war <107> ehemals Kurkölnisch, und ist jetzt Nassau-Usingisch; seine Mauern, so wie die von Unkel, Remagen u.s.w. sind Basaltsteine, die auf einem Berge bei Dattenberg, einem benachbarten Dorfe von Linz, gebrochen werden. Dieser Berg liegt von Linz östlich eine halbe Stunde und verbindet sich mit dem Rummelsberge. Hier findet man reiche Basaltsteinbrüche. Diese Basalte sind zuweilen 18 Fuss lang; aber sie sind erst durch Glieder unterbrochen. Die meisten dieser Glieder sind nur einen halben Fuss lang; die längsten haben 3 Fuss; auch sind die Säulen in der Mitte perpendiculär gespalten. Sie haben nicht die blaue Farbe des ächten Basaltes, noch dessen Härte. Der Durchmesser ist verschieden. Sie stehen alle fast perpendiculär. – Der dichte, zarte, gemengte Hornbasalt daher hat nichts besonders. Ein specksteingrünes, aber etwas härteres Körnchen in der Mitte mit weissgelben Feldspath ähnlichen findet man selten darin. – Hier befindet sich auch ein altes verfallenes Schloss mit einem Thurme. <108> Der Ockefels liegt eine halbe Stunde nördlich von der Stadt Linz und ist eine irreguläre abgesetzte, zwei hundert Fuss hohe Kuppe, deren Länge dem Rheine zu vier hundert Schritt ausmachet. Oben auf stehen Ruinen eines ehemaligen Schlosses. Das Dorf Ockefels liegt weiter unten. Süd und westlich steht der Basalt irregulär geformt, bald senkrecht, bald flach und verstürzt, entblösst an. Von diesen Seiten ist der Berg bis an den Rhein mit Weingärten bebaut. Oestlich schliesst er sich an Schiefergebirge. Sein schweres, hartes, fein gemengt blendearmes Gestein nähert sich bald dem ebenen schimmernden Hornquarzigen, bald dem unebenen mattern Hornigen. In manchem Muster sieht man nur sehr kleine weissgelbe, glasige, blätterige Flecken, in andern viele weisse runde Kugeln von einer halben bis zu sechs Linien Grösse im Durchmesser. Beides ist Kalkstein.

Der nahe bei Linz mehr östlich liegende Kaisersberg liefert einen überaus dichten <109> Basalt. Wenn nicht sein dem Ockefelser gleicher Inhalt und seine ziemlich grossen hoch und braungelben Quarzkörner für Basalt sprächen; so könnte man ihn leicht für einen bläulichschwarzen Jaspis-Schiefer halten. Der Berg ist vom Rheinufer vier hundert Fuss hoch, trägt an diesem Gehänge Weinstöcke und lässt irreguläre nackte Felsen sehen; südlich schliesst ihn Schiefergebirge ein.

Zwischen Linz und Leibsdorf einem Dorfe, das eine halbe Stunde oberhalb dieser Stadt und am Rheine liegt, besteht das Rheingebirge aus einem festen Thonschiefer. Es zieht sich von Mittag nach Mitternacht mit dem Laufe des Flusses, und erhebt sich zu einer Höhe von ungefähr hundert Fuss vom Ufer des Rheines; Hier, wo die Gebirgsschichten sich etwas nach Morgen verflachen, setzt eine fast seigere Kluft in der Streichungslinie von Abend nach Morgen auf, und bildet vom Fusse bis auf die Spitze des pralligen Gebirges einen wahren Gebirgsdurchschnitt – Die Mächtigkeit jener Kluft <110> geht von 5 bis zu 6 Z., und stellenweise ist solche mit derbem Bleiglanze {ohne Silbergehalt} und einem weissen Letten ausgefüllt. Dies reizte hier zur

Baulust, und ein Stollen wurde beiläufig 7 – 8 Lachter auf dieser Kluft aufgetrieben, auch die Sohle einige Lachter mit einem Gesenke versucht; ein diese Kluft quer durchsetzter 3 – 4 Zoll mächtiger tauber Quarztrumm schnitt solche hingegen bis auf ein unbedeutendes Bestag ab, welches dann im weitern Auffahren von einigen Lachtern sich desgleichen auskeilte. Da nun auf dem übersetzenden Quarztrumm, welches nach den Gebirgsabhängen auszustreichen scheint, eben so wenig Hoffnung war; so wurde dieser Versuchbau wieder eingestellt.

Um von Linz nach dem zwei Stunden davon entfernten Bergwerke Anzbach zu kommen, folgt man dem Steinerbach hinauf bis an die jetzt nicht in Betrieb befindliche Eisenhütte. Jener Bach bildet sich aus dem Renneberger- und Dickers-Bach zwischen <111> dem Thonschiefergebirge des Kaisers- und Steinberges, wovon der letzte bis gegen die Steiner-Brücke, wo er sich zu einer schroffen Kuppe erhebt, nordwest die rechte Seite das Renneberger Thal ausmacht. – Sodann steigt man am südöstlichen Abhange den steilen thonschieferigen Sturzberg hinauf, der durch eine enge und tiefe Schlucht, in welcher der Dickers-Bach fliesst, von dem ebenfalls thonschieferigen Spreitges-Berge getrennt wird. Auf der sanft abfallenden Fläche des Sturzberges, der nordwestlich die linke Seite des Renneberger Thals darstellt hinabgehend, trifft man die ersten sechsseitig säulenförmigen Blöcke eines gemeinen Basalts, dessen meist sehr kleines Gemenge nichts besonders zeigt. Auf diesem Wege sieht man nach einer Viertelstunde südlich den basaltischen Hummelsberg hervorragen, und nach eben so viel Zeit erreicht man südöstlich bei dem Dorfe Haargarten den Basaltberg Hügel; von hier geht es eine halbe Stunde lang bald über sumpfige Wiesen, bald über Felder durch <112> das kleine

Dorf Nollen dem jetzt aufgehobenen Cistercienser-Nonnenkloster St. Catharinen zu, wo man das Nassau-Usingische Gebiet verlässt und das Wied-Runkelsche betritt {beide gehörten hier vor der Secularisation zum Kurfürstenthum Köln} und gelangt nach wenigen Minuten in das Dörfchen Lohrscheid. Hier wendet sich der Weg nach Ost und führt über Wiesen und Felder nordöstlich dem Thonschiefergebige zu, woraus die Anzbacher Erze gewonnen werden.

Die Gänge des dortigen Thonschiefer-Gebirges streichen in der Stunde Zwei, sind drei bis vier Fuss mächtig, und liefern {fein speisigen} Bleyglanz, der 3 – 4 Loth Silber hält, Kupfererze, nebst späthigem Eisenstein, welcher letzte hier nicht benutzt wird.

[Die Grube ›Gottessegen‹ in Ansbach]

Die Grube {Gottessegen genannt} liegt im Wied-Runkelschen; die Hüttenwerke führen den Namen Alzau und liegen im Nassau-Usingischen Gebiete. <113> Das jährliche Metall-Ausbringen ist mir nicht genau bekannt; die Erzförderung ist aber wahrscheinlich die stärkste von den rheinischen Gruben, da fast unausgesetzt mit drei Hochöfen geschmolzen und monatlich zweimal Silber abgetrieben wird.

Die Anzbacher Gewerkschaft heisst von Albertinis-Erben und C[ompagni]e. Das hiesige Berg- und Hüttenwerk ist seit etwa zehn Jahren in Aufnahme gekommen, und wird mit vieler Sachkenntniss betrieben.

Von hier bis Neuwied ist ausser dem schon berührten nichts besonders merkwürdiges mehr, ausser dem nördlich drei Stunden von Neuwied bei Bonnefeld auf einer waldigen Anhöhe vorkommenden

Hornbasalt. Er ist schimmernd, fein gemengt, dicht, hat viele kleine schwarze Blende und grünliches Glas. Seine Säulen sind dünn, fünf und sechsseitig. – Sonst verdient noch in dieser wilden Gegend die oft beträchtlich durchschnittene Gebirgskette von Thonschiefer bemerkt <114> zu werden, in der man verschiedentlich Dachschieferbrüche angelegt hat, und die sich bis zu der Flüche erstreckt, worin das schöne, industriöse und tolerante Neuwied liegt.

Eine Stunde von Neuwied zu Engers gegen Ost {ehemals Kurtrierisch, jetzt Nassau-Weilburgisch} finden sich Bimsteinbrüche. – Von Engers wendet man sich Links zu der benachbarten Ebene, worin die Arbeit geschieht und worüber der Weg nach Sayn führt. Die Aussicht dort ist vortrefflich. Gegen Mittag fliesst der Rhein, an dessen Gestade die Trümmer der ehemaligen Festung Ehrenbreitstein hervorragen. Von da über Ost nach Nord und West hinüber begrenzt den Horizont eine Gebirgskette, die bis Sayn in Nordost, eine Stunde von Engers hinabsteigt. Die Fläche selbst trägt Obstbäume, Korn, Klee u.s.w. Sie ist mit wenig Dammerde bedeckt. Das meiste besteht aus graugelbem sandigen Lehmen vermengt mit unendlich vielen abgerundeten Bimsteinstücken, von denen die grössten <115> nicht über einen halben bis drei viertel Zoll messen. Der gelbgraue Lehmen dient ihnen zum Bindemittel. Man entblösst hier eine Strecke; wo taugliche Schichten vermuthet werden, von der aufliegenden Dammerde, ebenet und schneidet sie, oder hauet aus ihnen Treppenweise länglich-viereckige, von Form den Ziegelsteinen ähnliche Stücke, die eilfthalb bis eilf Zoll lang, sechs bis siebenthalb Z. breit und vierthalb bis vier Zoll dick sind. Je weniger Thon sie enthalten, desto poröser ist ihre Oberfläche, desto leichter sind sie und desto lieber hat man sie.

Die gefertigten Steine, die man hier mit dem Namen Sandsteine bezeichnet, werden zum Austrocknen aufgeschichtet. Die Nässe schadet ihnen nicht, wenn sie einmal trocken geworden sind. Die Benutzung dieser Steine ist mannigfaltig. Man mauert damit das Fachwerk der Häuser aus, man legt sie zwischen das Gebälke, führt Feuermauern, Backöfen u. d. g. davon auf. – Die Schichten, die im Ganzen genommen, wagerecht liegen, wechseln in Rücksicht <116> ihrer mehr oder weniger grossen Porosität begreiflich ab. – Aus schlechten Lagern haut man Platten, die dazu dienen, eine Art von Mauern aufzuführen, hinter welchen der Schutt bei der Arbeit aufgehäuft wird, mit dem man die abgebauten Plätze wieder anfüllt. – Die Schichten sollen einmal in 24schuhiger Mächtigkeit vorgekommen seyn. Gemeinlich halten sie um vieles geringer an. – Unter ihnen soll sich eine schwarze Erde befinden, bei der sie verschwinden. <117>

Zweiter Abschnitt.

Westliche Rheinseite.

Auf dem rechten Rheinufer treffen wir also auf einer beträchtlichen Strecke nur einen erloschenen Vulkan; so sehr es nach der Aussage mehrerer Schriftsteller, in eben dieser Gegend hievon wimmeln sollte! Auf dem linken Rheinufer finden wir aber mehrere, und zwar solche, die der enragirteste Neptunist nicht verkennen kann. –

[Plaidt, Bassenheim etc.]

Landet man zwischen dem weissen Thurme und Andernach; so befindet man sich in einer ausgedehnten meist angebauten Gegend, die gegen Abend und Mitternacht-Abend mit Laven- und Thonschiefer-Bergen <118> umgrenzt ist. Vom Ufer sind es noch fünf Viertelstunden bis zu dem Oertchen Pleit, in dessen Nähe sich der Hummerich befindet. Man gelangt zu ihm durch Gefilde von Lehmen, Sand, Bimstein u.s.w. im Ganzen denen vom weissen Thurme, Neuwied und Engers ähnlich, trifft dabei auf manchen Trassbruch, der bei Pleit bearbeitet wird, und nimmt dergleichen Anhäufungen als ziemlich hoch den Fuss der Berge umgebend wahr.

Seine Höhe von der Crufter Fläche beträgt 469 Fuss. Ganz oben hat er eine runde kesselförmige Vertiefung, die dreissig Schritt im Umfange, dreizehn und einen halben Fuss im Durchmesser und etliche Fuss Tiefe hat. Nicht weit davon im Thale liegt Cretz. Von hier aus scheint es, als ob der Trassschlamm eine krumme Richtung von Nordwest nach Nord, und von da, wo ihm der niedrigere Burgener-Berg, eine bebaute Thonschiefer-Anhöhe, die mit dem gleichartigen Kranenberg zusammenhängt, <119> entgegensteht, gegen Ost nach Pleit, und so fort nach Andernach, weissen Thurm und Engers nehme. Das Gestein dieses Berges ist Lava, und zwar Basaltlava und – Halblava. –

Der Hummerich liegt an der Nordseite des Nette-Flusses; südlich eine halbe Stunde vom Hummerich liegt das Wernerseck, und davon in einer halben Viertelstunde in der selben Richtung das isolirte Eiterköpfchen, das aus leberbraunen den Hummerichern sehr ähnlichen Halbschlacken-Gehäusen besteht, und mit vielen kleinen braunrothen Jaspisschieferigen Bröckchen versehen ist, die oft mit Beibehaltung ihrer Farbe verschlackt zu seyn scheinen. – Nahe dabei liegen südlich der Michels- und Langen-Berg, wie südöstlich der Wahnerkopf, der drei Kuppen hat. – Die Laven daher gleichen sämtlich den Hummerischern. Sie verziehen sich aus der hellen in die dunkle, roth oder schwärzlich braune Farbe, und geben am Stahle lebhaftes Feuer. <120> Südöstlich liegt Bassenheim, von welchem ein Büchsenschuss ab westlich ein Mühlsteinbruch befindlich ist, der zwei Varietäten darstellt. Die eine ist ein basaltfarbiges ziemlich schweres, hartes, schwach schimmerndes Gestein mit vielen kleinen Zellen, zwischen denen dicke Scheidewände befindlich sind. Die glasige Blende spielt darin mit lebhaften Regenbogen-Farben. Die zweite Abart ist vom Feuer mehr verändert, schwarz oder röthlichbraun geworden, fein schwammicht, und ihre Wände sind so dünn und scharf, dass sie vom Stahle, der nur sparsam Funken herauslockt, sehr abgenutzt werden.

Von Bassenheim südöstlich der Mosel zu liegt ein Hof Kascheck genannt, wobei ein Sandsteinschiefer-Rücken nordöstlich einschiessend, angetroffen wird. Sein Gestein ist röthlich-grau durch eingesprengten Glimmer hier und da schimmernd, der Bruch im Kleinen feinsplitterig, im Grossen schieferig. <121> Eine halbe Viertelstunde von Kascheck südlich der Mosel zu kommt man zum Birkenkopfer-Steinbruch, dessen Gestein mit dem Bassenheimer in beiden Abarten genau überein kommt. Eine dritte Sorte von hier ist ein merkwürdiges Gemenge von Basalt und Schiefer-Lava.

Drei Viertelstunden westlich vom Birkenkopfer-Steinbruch liegt der Schweinsberg. Die Erdschlacken daher sind entweder mühlsteinartig, wie man den gerösteten Basalt der ersten Bassenheimer Varietät, und alle ihr ähnlichen, nennen kann, oder Halb-Laven, den vom Hummerich gleich.

Von Bassenheim auf Winningen eine Stunde etwas südöstlich. Der Lavabruch liegt eine Viertelstunde nordöstlich auf einer grossen ausgedehnten Fläche von einer halben Stunde im Umfange, ist zum Theil mit Frucht bebaut, und erstreckt sich zu den Weinbergen an die Mosel hin, Zwei bis drei Fuss Dammerde liegen oben auf. Die <122> mehrentheils schwarzen Schlacken sind offenbar aus einem Hornquarz-Basalt entstanden, und bald wenig, bald starkgeröstet, bald wirklich verschlackt. – Die Moselbrücke zu Coblenz ist aus diesen Laven erbaut. – Es ist wahrscheinlicher, wenn man die Lage und das Gestein betrachtet, dass diese Laven aus dem Birkenkopf als aus dem Schweinsberge sich ergossen haben.

Eine halbe Stunde südwestlich vom Schweinsberge an der Landstrasse liegen die drei Tonnen. Es sind drei im Dreiecke auf 15 bis 20 Schritt von einander gelegene höchstens 20 Fuss hohe Hügel, die aus weissen mittelgrossen Quarz und Wackequarz-Geschieben bestehen.

Geht man von Pleit, dessen Häuser meist mit Trassquadern aufgemauert sind, und dessen Kirche auf einem ausgehölten Trassgewölbe steht, in südlicher Richtung der Nette nach; so gelangt man nach einer Viertelstunde an dem Flüsschen zu <123> einer eingefassten Säuerlings-Quelle. Wendet man sich von hier aus südöstlich in das Thal, worin Werners-Eck liegt; so kommt einem kurz vorher ein schroffer von der Thalseite nackter Felsen zu Gesichte, der zum Theil zwar schon etwas porösen, aber meist noch dichten Basalt, zum Theil schwarze Lava mit vieler Blende u.s.w. darstellt.

Das Gebirge, das auf seinem Gipfel noch die gut erhaltenen Ruinen eines Schlosses trägt, welches dieser Gegend den Namen gibt, und nunmehr friedlich von der Nette dem grössten Theil nach umflossen wird, besteht wie das am jenseitigen Ufer, aus einem gemeinen schwarz oder gelbschwarzen Thonschiefer, dessen Bänke tonnlegig von Südost nach Nordwest einschiessen, die nämliche Richtung an beiden Ufern beibehalten und beweisen, dass in der Urzeit alles hier zusammen hing, dass nur Gewässer dies Continuum in der Folge trennte. – Aus diesem beiläufig halbzirkelförmig durchbrochenen Thonschiefer stehen nun zu Tage <124> am rechten Nette-Ufer, nachdem, die Nette den Felsen des Werners-Eckes verlassen hat, mehrere mächtige irreguläre Blöcke eines schwarzen bemoosten Basaltes. Am linken Nette-Ufer befindet sich auch eine Basaltkuppe zwischen zwei Schiefer-Felsen. Der Basalt ist von der gewöhnlich bläulich- oder schwarzgrauen Farbe, gibt am Stahle lebhafte Funken, führt schwarzen, meist sehr kleinen Glimmer und mehrere topasfarbige Quarzkörner, und hat vom Feuer offenbar gelitten; das sieht man an den Blasenlöchern und an der lebhaft blauangelaufenen Farbe, womit die Blende spielt.

Geht man der Nette in dem von Nord über Ost nach Süd gekrümmten Wernerseck-Thal Strom aufwärts eine Strecke auf dem Fuhrwege nach; so sieht man auch hier mehrere Basaltkuppen, die aus dem Thonschiefer hervorragen. Südlich ein wenig von dem Flüsschen ab, wird man einen rundlichen Berg gewahr, der sich gegen das Östlich eine Viertelstunde von ihm abliegende Eiterköpfchen, und gegen den <125> Keltersberg südlich durch bebaute Felder nicht nur erhebt und mit ihnen zusammen hängt; sondern sogar ihren Abhang ausmacht. Geht man hier eine Weile in südlicher Richtung fort über eine Brücke, die über die Nette geschlagen ist, dem tiefem Thale zu, worin der Elsrimmischer Hof liegt, und von diesem Hofe den demnach benannten Berg hinan, wo statt des festen Gesteines nur Bimstein, Thonschiefer und sandiger Lehmen zu sehen ist; so gelangt man zu den in gleicher Richtung befindlichen Tönngesbergen.

Es sind fünf nackte, sanft anliegende, hoch hinauf mit Fruchtfeldern bebaute, unbeträchtliche Küppchen, die in ihrer Mitte eine kesselförmige, gleichfalls angebaute Vertiefung bilden, und gegen Norden gesenkter sind als nach den übrigen Weltgegenden.

Drei verschiedene Abarten von gebrannten Basalt trifft man hier an; an der Mittagsseite ganz gewöhnlichen; nur ist die Farbe etwas röthlichbraun, und man nimmt <126> an ihm kurze krummlinige Ritzen wahr. Die zweite Abart ist von bleicherer Farbe, und macht schon eine blasige Halblava aus. – Kohlenschwarz, in den kleinsten Theilen der Grundmasse durchlöchert, mit weit grössern Blasenlöchern findet man die dritte Abart oben auf den Tönnges Bergen.

Quer durch die Fruchtfelder, deren Boden weit und breit der nämliche, wie bei Andernach und dem weissen Thurme bleibt, geht es gegen Nord dem Kräutges-Berge zu; er heisst auch wohl der Crufter Hummerich. Gegen Nordwest fällt er etwas mehr ab als in Südost, wo er die grösste Höhe hat, und gegen Nordost desgleichen, erhebt sich dann wieder zu einer niedrigem Anhöhe, die wie der ganze Berg von allen Seiten allmählig und sanft der Niederung zuläuft. – Oben ist nirgends eine nur etwas beträchtliche Vertiefung. – Seine Gebirgsart ist eine dunkle oder heller braunrothe, schwammige, leichte, ungemein glimmerreiche Halblava, einem zu stark <127> gebrannten Ziegelthon gleich, mit oft beträchtlich grossen Blasenlöchern, deren einige an den Wänden bereits in etwas, doch noch matt, glasirt sind. Die Blende spielt hier nur selten in die Farbe des Taubenhalses, ist meist schwarz. – Man findet indessen hier auch Muster, die bei beträchtlicher Schwere und vollständiger Dichtigkeit den erlittenen Wärmegrad kaum durch die braunröthliche Farbe beurkunden.

Nordöstlich verbindet sich dieser Berg mit dem Crufter Breitelsberg einer mit Reben besetzten Anhöhe, die einen Rand von nackten, gegen zehn Fuss hohen Felsen bildet. Der Basalt daher geht aus den ersten Graden der Röstung durch die Modificationen des Mühlsteins bis zu vollständiger, schwarzgrauen, schwammigen Halblaven über. –

[Kruft]

Cruft liegt am nordwestlichen Fusse des Kreutgesberges. Um von hier zu den so genannten Erdkaulen zu kommen, geht man über den sich immer gleich bleibenden <128> vulkanischen Boden nach Frauenkirch. – Westlich eine halbe Viertelstunde von hier erhebt sich der Schmalberg; an dessen nordöstlichen Verflachung sich ein starker dem Tönnesteiner ähnelnder Mineralbrunnen befindet. – Der Schmalberg selbst bildet eine Anhöhe, die im Umkreise eine Viertelstunde beträgt, gegen Süd sich absetzt und dort Thonschiefer anstehen hat, der östlich streicht, bald senkrecht, bald schwebend nordwärts einfällt und zu Mauersteinen gebrochen wird. Mit diesem grünlich-grauen Schiefer, der auf den Klüften ausser feinen braunen Dendriten, auch dergleichen sehr breite bleich-pfirsichblutrothe führt, streicht da, wo er fast senkrecht einschiesst, ein Fuss starker weisser, eisenschüssiger Fettquarz, ohne von anderweitigem Erzgehalt etwas zu zeigen. – Eine starke halbe Stunde von diesem Berge ab wird der Thon gegraben. Eine Kaule hatte unter einer Fuss hohen, bimsteinartigen vulkanischen Dammerde, eine rothe Erde, die auch nierenweise in einer weissen liegt, welche an <129> verschiedenen Stellen mit zwei bis vier Fuss mächtiger Dammerde bedeckt ist. – Solcher Gruben sind hier sehr viele. Sie sind meist im Durchmesser acht bis zehn Fuss breit, und wohl nicht über acht Fuss tief.

Die hoch-fleischrothe einfarbige oder neben dieser Farbe mit schwach violetblau, gelblich und grünlich weiss, perlgrau, selten mit ochergelb melirte, und der so genannten sächsischen Wunder-Erde ungemein ähnliche Erde, gleicht in allen äussern Kennzeichen ganz dem Steinmark. Sie zerfällt leicht im Wasser, und erweicht zu einer unter den Fingern geschmeidigen Masse. Sie ist von äusserst zartem Korn, Haarpuder gleich, sehr rein, nur selten mit etwas feinern Wurzelwerke und kleinen Thonschiefer oder Quarzblöckchen verunreinigt.

Von Cruft aus gegen West geht der Weg zum Ofenberg. Der Berg hat zwei Gipfel. Auf der Südseite gibt es einen gebahnten <130> Weg zu dem höhern, der aber steil hinangeht. Dammerde und Moos bedeckt ihn allenthalben. Das Gestein steht daselbst über hundert Fuss hoch an und bildet am Gehänge einen Crater von fünf Viertelstunden im Umfange. Beim Heraussteigen findet man hin und wieder zerbröckelten Thonschiefer. – Seine Gebirgsart ist übrigens ein grünlichgrauer Mühlstein und braungraue, vollendete, mit unter gewundene Halblaven. Alles mit sparsamen und kleinen Blende- und Glimmer-Inhalt. –

[Laacher See]

Geht man an der Abendseite diesen Berg hinab; so übersieht man nun am Fusse beinahe den ganzen Lacher See, und vor sich das Lacher Kloster – Wirklich eine Naturscene, schön bis zum Entzücken! Ich glaube kaum, dass man Jemanden antreffen könnte, der so wenig Empfänglichkeit für solche Schönheiten habe, dass er nicht bei dem ersten Anblick dieser Gegend gerührt würde! – Vorzüglich überraschend ist die Ansicht, wenn man von Wassenach <131> kommt; man sieht denn diesen merkwürdigen See von Norden nach Süden in einem fast runden von Bergen rings herum eingeschlossenen Thale liegen.

Die {nun aufgehobene} Abtei liegt unweit dem See südwestlich. Die Gebirge, die den See nach Norden, Osten und Westen ganz einschliessen, dehnen ihren Fuss bis an die Ufer des Sees aus. Nach West sind einige Wiesen. Man gibt die Grösse des Sees zu 1.322 Morgen nach dem ehemaligen gemeinen Landmasse an. Der See soll, wie man versichern will, über 3.000 Quellen haben, und auf 107 Ellen[10] tief seyn.

In der Fläche ungefähr zwischen dem Kloster und dem See ist ein angenehm schmeckender Mineralquell. Wahrscheinlich ist auch ein grosser Theil der Quellen des Sees selbst mineralisch, so wie bei Remagen in den Rhein und bei dem Fachinger Brunnen in die Lahn sich einige Mineralquellen ergiessen. <132> Die besondern Erscheinungen, die an diesem See statt haben sollen, von denen ich schon in meiner Jugend gehört hatte, habe ich dort nicht wahr genommen. –

---

[10] Das sind etwa 64 Meter. Die grösste Tiefe beträgt tatsächlich 51 Meter.

Die häufig allda sich erfolgenden Blasen, die aus ihm, wie aus dem *Lago d'agnano*, {den man ihm ähnlich zu seyn behauptet} – stets hervor sprudeln sollen, kann man mit unbefangenen Augen dort nicht sehen, hier und da steigen zuweilen Blasen in die Höhe; aber ist das bei der wahrscheinlichen Ergiessung von Mineralquellen in diesen See etwas ungewöhnliches? – Auch sah ich am Ufer keinen todten Vogel, aber sehr viele lebendige, namentlich die Seeschwalben umher fliehen.

Der Ablauf des Lacher Sees ist nach Süden zu zwischen dem Marienköpfchen und dem Hilprich eine Viertelstunde lang als Kanal unter der Erde durchgeführt. Er leitet dritthalb Cubikfuss Wasser ab. Das Flüsschen hat eine Viertelstunde weit von den Mennicher Steinbrüchen, in kurzem also schon, um die Hälfte des in dem Kanal befindlichen <133> Wassers verloren. Es krümmt sich südlich etwa eine Stunde lang zwischen den Fruchtfeldern nach Frauenkirch zu, wo Mühlstein-, Basalt-Sandstein und Thonschiefer-Quarzgeschiebe in einer sandigen Erdart bemerkt werden; dabei wird des Wassers immer weniger, und endlich versiegt es unter einer dunkeln Decke von feinem Blendesand, dem aus dem See selbst ähnlich, ganz und gar. – Da der hiesigen Sandgegend die Thonerde mangelt, und das Land so flach ist, dass des Falls wenig übrig bleibt; so geht also auch hierin die Sache sehr natürlich zu.

Das Lacher Kloster war eine reiche Benedictiner-Abtei. Die Kirche ist von Ducksteinen erbaut und altgothisch. Pfalzgraf Friedrich stiftete im Jahr 1093 dies Kloster und erbaute die Kirche; er soll am östlichen Ufer des Sees nahe bei der weissen Erde sein Schloss gehabt haben, welches man die alte Burg nennt. <134> Ich habe nichts von den Unannehmlichkeiten dort erlitten, worüber Herr de Luc im 2ten

B. seiner Phys. und Mor. Briefe S.71, und Herr v. Schönebeck in den Mahl. Reis. 2 II S. 21 u. 22 sich beklagen; im Gegentheil habe ich Ursache die zuvorkommende Höflichkeit zu rühmen, die mir der damalige Administrator Herr Albrecht {jetzt Oberpfarrer in Coblenz} erzeigte.

Das Wasser des Sees ist seiner Lage wegen sehr kalt und wirft, wenn es vom Winde stark bewegt wird, den berühmten Sand aus, der ihm wahrscheinlich durch die Regenfluthen von den umher befindlichen Bergen zugeführt wird. Einen grossen Theil desselben macht die schwarze Blende aus. Der Sand, den man am Ausflusse des Sees findet, scheint mehr Blende als der, den man an der Nord und Nordostseite desselben antrifft, zu enthalten. Bei nahe eben so häufig kommen weisse, stark halbdurchsichtige Körner darin vor, welche, wie die in wenigem grossen Menge vorkommenden, hoch <135> weingelben Körner, ihren Ursprung einer Feldspathart einiger den See umgebenden Berge haben. Dann bemerkt man in diesem Sande noch weissen, undurchsichtigen Quarz, doch nicht häufig, und noch sparsamer aqua-maringrüne Körner. Das Uebrige machen verschiedentlich gefärbte Thon-Sandstein-Glimmer und Hornblendschiefer-Stücke aus.

Ungefähr eine halbe Stunde von der Abtei nördlich befindet sich eine Thonschieferkuppe, welche im See zehn Fuss hoch ansteht und östlich durchzustreichen scheint. Ein paar hundert Schritt von hier mehr östlich, findet sich ein grauweisser gemeiner Pfeifenthon, der hundert Fuss breit von dem Gebirge herabkommt. Ueber ihm ist das Gebirge basaltisch. Neben ihm ist flötzliegend eine braungraue, quarzreiche, mit feinem Glimmer gemengte Grauwacke. – Viele einzelne Schneckenschälchen traf ich in dieser Gegend innerhalb des

Ufers des Sees an. – Von hier weiter dem Fuhrwege <136> nach kommen verschiedene gegen Nord einschiessende Thonschieferhöhen vor, und zwei ungefähr fünfzig Fuss hoch nackt ausstehende Basaltwacken. Einige davon haben auf ihrer Oberfläche Tropf-Chalcedon; andre nicht. Einige scheinen vom Feuer gar nicht verändert; andre wenig, letzte sind röthlich grau, rauh, der Blende nach farbespielend, und haben mennigrothe Flecken. Herr Nose nennt diese Kuppen ›Thomashöhen‹.

Bei weiterm Fortgehen von hier trifft man Basaltgeschiebe und schmutzig braune, mürbe Breccien von 12 Fuss Höhe, die aus Quarzkörnern, Schiefer und verwitterten Basaltbrocken, Blendefragmenten und etwas Glimmer mit Basaltlehmen zusammen gesetzt, und der Grundmasse nach etwas durch das Feuer verändert ist.

Nunmehr erhebt sich ein Schlackenhügel von etwa 24 Fuss höhe und 74 Fuss Länge, in dessen Nachbarschaft der See auf <137> einmal nahe am Ufer sehr tief wird. Das Wasser sieht hier dunkel aus. Der stark gebrannte Basalt verzieht sich aus der ziegelrothen in die dunkelbraune Farbe. So lang jene obwaltet, ist die Halbschlacke zwar sehr stark, aber fein porös, im letzten Falle hingegen mehr oder weniger groblöcherich. Sie enthält kleine braune Quarzkörner, etwas grössere Blende, und noch grössere zuweilen sechsseitige, zuweilen achtseitige Glimmerblättchen.

Etwas weiter steht ein abgerissenes Stück Mauer, die Ruinen des Schlosses, worin der Stifter der Abtei gewohnt haben soll.

Indem man den See umgeht, findet man im Wege Geschiebe eines bläulichen etwas fetten Thonschiefers, eines röthlichen Sandschiefers, eines unveränderten Blende auch Citrin-reichen Basalts und einer gemeinen hornartigen Porphyrmasse.

An des Lacher Sees westlicher Seite befinden sich basaltische schieferige und <138> vulkanische Gebirgsarten, auch ein gelbbraunes Flötzlager, etwa 50 Fuss lang, 24 hoch, gegen West einschiessend. Die oberste Lage macht eine braune schwärzlichgelbe Breccie. Man sieht darin rundliche Schiefer und halb verwitterte Basaltkörnchen, schwarze Blendefragmente, braune Glimmerblättchen und bräunliche wachsähnliche Massen. Da weiter liegt eine ähnliche Schicht von gleichem Gehalte; nur dass der Kitt hoch-ochergelb und das Ganze etwas fett anzufühlen ist. Noch tiefer verbleicht er etwas, wird magerer und endlich wird das Gestein blassgelblich-grau, kurz, zu einer zum sogenannten Trass {der östlichen Rheinseite} auf dem nassen Wege übergegangenen Porphyrart.

Nordwestlich von der Abtei nahe an ihren Mauern steht der Lacher Ofen- oder Niklasberg. Am südöstlichen Gehänge desselben ist er als Sandgrube 24 Fuss hoch entblösst; oben mit etwas 10 Fuss hoher milder Dammerde bedeckt, unter welcher <139> denn der Sand in mannichfaltigen Lagen, welche von dem Berge ab gegen Ost flach einschiessen, befindlich ist. Der Sand ist aschgrau, sehr wenig auf das röthlichbraune abschiessend. Es ist wirklich vulkanischer Sand, offenbar Product des zertrümmerten Ofenberger Gesteins; die Grundmasse der Porphyrsart ward bloss verbrannt; der Feldspath, die Blende, der Glimmer sind aber nur wenig vom Feuer verändert.

Der Kamper Kopf liegt eine halbe Viertelstunde von Wassenach südwestlich. Basaltisch sind die Felsen, welche man am nördlichen Fusse des sonst überall mit Dammerde bedeckten Kamper Kopfes antrifft. Die darin befindliche pfauenschweifige Blende, einige Trennungen im Gewebe, eine gewisse Rauhigkeit im Anfühlen beweisen, dass sie der Einwirkung der Wärme ausgesetzt gewesen sind.

Das Marienköpfchen ist eine rundliche Anhöhe an des Sees südwestlicher Seite. Sein Gestein ist Sandschiefer. <140> Der Hilprich verbindet sich an der Ostseite mit dem Marienköpfchen, und beide mit etwa noch zwanzig kleinen unbelaubten Nebenkuppen, die zum Crufter Ofen hinlaufen, und südwärts einen Halbzirkel gegen die Fläche der Mennicher Mühlsteinbrüche eröffnen. Er ist am Fusse durch Ackerland begrenzt, und liegt eine halbe Stunde von Niedermennich. – Der Hilprich und die eben genannten Kuppen sind mit trassartigem Gesteine und Schieferstücken bedeckt.

[Mendig]

Vom Marienköpfchen aus geht es durch sanfte Anhöhen Niedermennich zu. – Das Dorf ist wegen dem Bruche eines besondern Steines, welchen man hier findet, sehr bekannt. Das Dorf und die Gegend, wo man diesen Stein trifft, liegen auf leichten Erhöhungen gegen Norden zu, wo sie von hohem Beigen umgeben sind, hinter welchen die Abtei Lach liegt.

Der hiesige berühmte Mühlstein ist ein Säulenbasalt, der durch vulkanisches Feuer <141> recht eigentlich geröstet ist. Das Ansehen, und die Härte entscheiden offenbar für einen dem Hornquarze sehr nahen Basalt. – Der Stein ist voller Poren, wovon der grösste Theil ovalrund ist. Diese Löcher durchdringen seine ganze Masse. – Je mehr der Stein Poren hat, um so besser glaubt man ihn zum Mühlstein; die Farbe des Steines ist bleich-schwarz und fällt ein wenig ins graue; mit dem Stahle gibt er wenig Funken. Man findet in demselben Verglasungen von grüner und weisser Farbe, rothbraune Schlacken, einige sehr dünne abgebrochene schwarze Schörlkrystallen, und gewiss keinen Bimstein, wie Voigt und Collini behaupten.

Die Brüche liegen eine halbe Viertelstunde nordöstlich von Niedermennich. Nach der Aussage der Einwohner sollen sie schon über 800 Jahre betrieben werden, wie auch die vielen, schon zusammen gefallenen, worin alte Buchen wachsen, einigermassen beweisen. – Ihr Betrieb von Tage aus zeigt <142> einen Raum von einer Viertelstunde im Durchschnitt an. Sie liegen in der Fläche zwischen dem Hilprich und Crufter Ofen-Berge. Es ist ein grosses Flötzwerk, welche seit so vielen Jahrhunderten, nach dem Lacher See zu abgebaut, und mit Kummer, wie man hier den Abfall nennt, zugestürzt worden ist. Die Kaulen sind etwa 15 Lachter tief und 25 im Durchmesser die runden Oeffnungen weit, aus welchen die Steine herausgezogen werden. Man geht eine grosse Menge Fusstritte, wie in einem tiefen Keller in diese Steinbrüche hinunter. Unten im Steinbruche findet man grosse Gewölbe, welche hier und dort beim Aushauen in dem Innern des Berges stehen bleiben. Hier arbeiten die Leute. Sie machen durch Hilfe eiserner Instrumente Risse; in diese werden hölzerne Keile gesteckt, die durch das Anfeuchten mit Wasser anschwellen und den Stein spalten. Die grossen Steinstücke, die sie daselbst abarbeiten, werden von unten aus dem Steinbruche durch grosse perpendikuläre <143> runde Schachten, mit Hilfe des dicken Seils hervorgezogen. Sie winden das um eine Maschine, womit man Laste aufzuziehen pflegt, welche neben diesen Schachten angebracht ist, und durch Menschen, Pferde oder Ochsen in Bewegung gesetzt wird. Ausserdem dass man diesen

Stein in der ganz umliegenden Gegend häufig zum Bauen, zur Einfassung der Thüren und Fenster braucht, dient er vorzüglich zum Mühlstein. Er ist dazu auch wirklich vortrefflich, und man treibt damit einen ansehnlichen auswärtigen Handel.

Man kann bei den runden Oeffnungen, womit die Flötzlagen bis auf dem brauchbaren Stein durchbrochen sind, die Erdlagen und Schichten, wie sie aufeinander folgen, deutlich sehen. In folgender Ordnung trifft man sie an:

1. Trassartigen Grund;

2. Leimerde;

3. Mücken {sind losliegende basaltische Knoten} auf welche

4. die Köpfe und Glocken folgen, welche meist 7 Fuss hoch unbrauchbar <144> sind, mithin stehen bleiben, und den obersten Anwachs des

5. Mühlsteins ausmachen, der von abwechselnder bald 35 bis 40, bald 15 bis 20füssiger Mächtigkeit, mithin im Liegenden muldenförmig gefunden wird. – Er ist kolossalisch säulenmässig, irregulär, kantig geformt, und ruhet

6. auf einem festen Flötzgesteine, das den Namen Dielstein führt.

Der Dielstein ist ein dichtes, schwärzlich blaugraues, schweres Gestein, um vieles ebener im Bruche als der gemeine Basalt, im Kleinern gewöhnlich fein, stumpfsplitterig, mit häufigem und zwar eingemengtem Feldspath; dabei enthält er ungemein viele, ganz kleine Blende; der Glimmer im Dielstein ist sparsam und ungleich vertheilt, sehr klein und dünn. Der grünen krystallinischen Höhlen mit oder ohne Quarzkorn, wie der hoch- oder sehwachgelben Citrinkörner finden sich hierin nur wenige und ganz kleine. <145> Der hiesige

Mühlstein befindet sich nicht bloss bei Niedermennich, er breitet sich auch auf anderthalb Stunden und drüber gegen Mittag aus.

[Bell]

Eine Stunde von Niedermennich gegen Norden und gegen der Abtei Lach liegt ein Ort, welcher Bell heisst, in dessen Nachbarschaft man eine Gattung von Trass findet, der dem von Pleit einigermassen ähnlich ist. Er hat die Festigkeit, wie jener; nur ist er nicht porös. Er besteht aus einer Vermischung von kleinen meist blaugrauen Schieferstückchen, und aus braunen, gelben, weissen oder schwarzen Glimmerblättchen und einigen schwarzen Körnern, {Fragmenten einzelner schwarzer Blendeprismen} die der Magnet an sich zieht. – Ein[s] seiner Hauptkennzeichen unter andern ist, dass er durchaus mit kleinen runden Punkten einer sehr weissen und feinen Erde besprengt ist. Da diese Substanz der Gewalt des Feuers widersteht; so wird sie zu den Herden und zur Erbauung von Backöfen angewandt. Wenn <146> man diesen Stein aus dem Schoosse der Erde herausnimmt; so kann man ihn ganz bequem in viereckige Stücke und in lange Tafeln schneiden, auch die Oberfläche davon eben und glatt machen. – Die Beschaffenheit des Gebirges und der Arbeit, die daran geschieht, gleicht der am Ofenkuler Berge der Ostseite. Herr Nose sagt von diesem Steine:

> *Der aufgelöste Porphyr der hiesigen Gegenden gibt*
> *den leibhaften Beller Backofenstein ab.*

An der Nordseite von Bell befindet sich ein fast senkrecht einschiessender, eisenschüssiger Sandsteinschiefer. Er nebst einigen andern Thonschieferbergen begrenzen hier die Lage des

Backofensteines. – Aus einem der südseitigen {wenigstens nahe an dieser Seite des Thales} brechen verschiedene eisenhaltige Quellen hervor, von denen eine, die stark sprudelt, der edle Buhr genannt wird.

[Tönnisstein]

Um auf Tönnestein zu kommen, ging ich am Lacher See vorbei, um den herrlichen <147> Anblick noch einmal zu geniessen, dann auf Wassenach, und von hier {mehr östlich als nördlich} erreicht man in einer halben Stunde diese bekannte Mineralquelle. – Der viele Fuss tief ausgefahrne Hohlweg, der dahin führt, zeigt wieder Trass, deutlich ruhend, bald auf schwarzer harter, poröser oder löcheriger Basaltschlacke, bald auf bröcklichem gemeinen Thonschiefer.

Tönnestein hat seinen Namen wahrscheinlich von dem dabei liegenden, jetzt aufgehobenen Carmeliter-Kloster. Der letzte Krieg hat die schönen Gebäude, die der vorvorletzte Kurfürst von Köln Clemens August {der eben so bekannt durch seine Prachtliebe und den Glanz seines Hofes ist, als durch seine Herzensgüte} fast alle anlegte, grösstentheils zerstört. Sie haben ohnedies schon gleich nach seinem Tode zu zerfallen angefangen, da sie wenig oder gar nicht unterhalten wurden.

Der Brunnen hiess ehemals der Tillerborn. Er war schon im sechszehnten Jahrhundert <148> bekannt. Der Brunnen liegt im Thale. Er ist mit einer Kupole bedeckt, welche nach einer Seite auf vier toskanischen Säulen, auf der andern auf einer Mauer ruht, und die mit einer *en fresco* gemalten Thetis geziert ist, welche von Delfinen gezogen, von bärtigen Tritonen bewundert und von Genien begleitet wird. – Das Becken des Brunnens ist von Marmor oval und an den vier Seiten rund ausgeschweift. – Der Brunnen und seine Nachbarschaft wird von dein jetzigen Pächter sehr sauber gehalten.

Das Wasser wallt in diesem Brunnen ununterbrochen, aber nicht heftig. Grosse Luftblasen entwickeln sich nur selten daraus. Es schmeckt vortrefflich; und ich kenne kein Mineralwasser, das diese Eigenschaft in so hohem Grade besitzt. Vor dem Kriege wurde es sehr häufig in England, besonders in London getrunken, wo es unter dem Namen Bönnisches Wasser vorkommt. Es scheint eines der kräftigsten Mineralwasser <149> seiner Art zu seyn, und verdient daher gewiss eine Chemische Untersuchung. Die frühern, worunter die von Grabler im Jahre 1755 sich vortheilhaft auszeichnete, sind wegen dem damaligen Zustande der Chemie nicht brauchbar, und die neueste, die vor ungefähr 5 Jahren in A. herauskam, ist durchaus nicht gerathen. – Die übrigen Mineralquellen, woran diese Gegend so reich ist, und einzeln manchem Lande ein Schatz seyn würden, sind noch gar nicht untersucht worden, ausser dem Heilbrunn, der aber dasselbe Schicksal wie der Tönnesteiner gehabt hat.

Neben dem Tönnesteiner Brunnen, nur wenige Schritte davon entfernt, befindet sich noch ein Brunnen, der einen geringem Zufluss hat, und dessen Wasser einen styptischen Geschmack besitzt.

Westlich von Tönnestein sieht man einen steilen Thonschieferberg. Geht man von hier weiter zurück nach Wassenach, <150> und nun rechts über die mit kleinen Basalt und Lava-Stücken bedeckten Felder der Anhöhe Vorkunk zu: so sieht man, dass sich dieselbe westlich mit den Kunkskopfen verbindet, hinter denen sich derer Veitskopf erhebt. Oestlich gebt der Vorkunk zu der Höhe des Trümmerfeldes über, das sich als Berg nördlich nach einem Thale hinabzieht, welches den Fuss des Herchenberges begrenzt. Der Vorkunk bildet mit Hilfe dieser Berge eine kreisförmige Vertiefung, 400 Schritt im Durchmesser; wahrscheinlich ein Crater, der gen Nord dem Herchenberge zu sich ausleerte. Es finden sich hier gerösteter, obschon poröser Basalt, mit glasiger Blende und braunem Glimmer, weingelben Quarzkörner, und sehr schwammige leichte Laven. – Eben so verhält es sich mit dem Gesteine der Kunksköpfe.

Der Veitskopf enthält in losliegenden Stücken einen vom Feuer gar nicht angegriffenen zarten Hornbasalt. – An der Nordseite des Trümmerfeldes trifft man grosse nackte, löcherig geröstete Basaltmassen an; <151> an diesen ist ein Steinbruch angelegt worden. Die da verfertigten Mühlsteine sind aber zu hart befunden worden. Ueber dem Lummerfelde steht Kalk südlich eine Viertelstunde von Burgbrohl, dem gegenüber, linker Hand, wenn man vom Herchenberge dahin geht, ein Thonschiefergebirge befindlich ist, das sein Streichen nach Ost, gegen Nord eine Tonnlage von 45 Grad macht, und am Fusse Duckstein anstehen hat. In diesem Kalke, der theils dichter Kalkstein ist, theils incrustirender Kalksinter, finden sich zuweilen Fragmente von Flussmuscheln. – Diese nemliche Kalksteinart wird auch zu Tönnestein gefunden; da wo die Uemcher Wiese an den Berg schiesst, liegen Bänke davon. Nach Ost und Nordost grenzen sie nahe an den Tufstein; gegen West und Süd stossen sie an einen bläulichgrauen Thonschiefer. – Westlich über der Mineralquelle liegt auch noch Kalkstein in abwechselnden 2 – 15 Fuss mächtigen Flötzlagen, die sich aus Nordost nach Südwest ziehen. <152> Eine halbe Stunde von Tönnestein liegt der Heilbrunn. Der Weg dahin geht nordöstlich durch stetes Thon- und Grauwacke-Schiefergebirge, indessen links

Ducksteingrund ist. Nahe am Brunnen schiesst ein Schiefergebirge bald flach, bald tonnlegig, bald seiger ein. – Der Heilbrunn liegt tief; er ist unbedeckt. Sein Wasser ist fast milchfarbig, und schmeckt etwas salziger als das von Tönnestein. Die Oberfläche des Brunnens wallt beständig, wie Wässer, das zu sieden anfängt. Unter den vielen stets darin aufsteigenden Blasen, sind viele von einer ausserordentlichen Größe.

[Brohl]

Um durch das Trassthal wieder an den Rhein zu gehen, ging ich von hier wieder zurück bis zu dem Steinbruche Lummerfeld. Hier kommt man in das gekrümmte romantisch wilde Thal, wodurch sich der Brohlbach zum Rhein hinschlängelt, und worin sich der hiesige Duckstein gebeitet hat. Zu beiden Seiten umschliessen dasselbe theils Thonschieferberge, besonders östlich, theils <153> nähert sich demselben westlich ein vulkanisches Gebirge. Viele Tufsteinbrüche haben eine ungeheure Tiefe. Berge sind weggebrochen und zu Thälern gemacht; viele Stücke von Bergen sind ausgehölt. Man kommt durch Gewölbe von Duckstein in künstliche Thäler. Ober dem Gewölbe ist zuweilen noch Wald. Birken und Buchen senken ihre Aeste an den grauen Ducksteinwänden herab. Ehe man am Schlosse Schweppenburg vorbei kommt, {das nördlich von Tönnestein liegt} sieht man den äusserst interessanten Creuzberg, der am Fusse Tufstein, in der Mitte Thonschiefer, und oben basaltisches Gestein hat. – Von hier kommt man [an] einigen Trassmühlen und auch einer Papiermühle vorbei, und gelangt so wieder an den Rhein nach Brohl.

Es würde nicht wohl verzeihlich seyn, wenn man diese Gegenden bereiset hätte, ohne die merkwürdigen Berge Herchenberg und Bausenberg zu besteigen. – Um von der Brohl dahin zu gelangen, geht man <154> am Rheingestade ein wenig hinab, schlägt sich dann links, und lässt rechter Hand eine Viertelstunde von der Brohl den Reuterberg liegen, worauf das Schloss Rheineck steht, und dessen Fels Grauwacke ist. Der Weg führt über ein mässig ansteigendes weissgelbliches Thon-Schiefergebirge, von dessen Rücken man gegen Südwest zur Höhe gelangen kann. Gegen Mittag-Abend unweit des Dorfes Nieder-Lützingen liegt in Viertelstündiger Ferne der mit ihr sich verflachende Berg Leilenkopf. Die Höhe liefert als Geschiebe ein paar Gebirgsarten, die auffallende Aehnlichkeit mit einigen auf der Ostseite haben. In einer sieht man das Gerstwieser Gestein; nur ist es mehr dunkelaschgrau und nicht so dicht; die Verschiedenheiten scheinen von der ausgestandenen Hitze abzuhängen. – Der Leilenkopf zeigt sein schwarzes Aschengehäuse unverkennbar. Auch hier gab Basalt dem Feuer offenbar seine Nahrung. Geht man durch Nieder-Lützingen eine Viertelstunde westlich; so erreicht man den Steinberg, dessen <155> Gestein ein gewöhnlicher ziemlich glasreicher Basalt ist; was um so mehr Erstaunen erregen muss, da südlich eine Viertelstunde von hier der verschlackte Herchenberg liegt. Dieser merkwürdige Berg ist sanft ansteigend, und in seinem peripherischen Umfange am Fusse sehr beträchtlich. Auf ihm befinden sich zwei irreguläre Grotten; die untere ist eine ziemlich weite, oben offene Höhle mit überhangenden Lavamassen, die zum Theil durch Kunst ausgehölt scheinen. Die oberste Platte ist ziemlich gleich, mit Gras und etwas Gebüsch bewachsen, und hat ungefähr fünfzig Schritte im längsten

Durchmesser. – Das Gestein des Herchenberges zeigt einen aschgrauen hornigen, halbharten Teig, mit vielen Poren und Rissen. Die Wände der Löcher sind oft glasig, schwach durchscheinend.

Vom Herchenberge südwestlich durch den Scheider Wald erreicht man in einer halben Stunde den Bausenberg. Dieser Berg ist nicht so hoch, als jener, und sein Ansehen sonderbar: horizontal oben, wie abgeschnitten, <156> gegen Mittag weit und tief, muldenförmig eingesunken. Amphitheatralisch von Südost über Nord nach West ragen stehende oder umgeworfene, mächtige braune Lavamassen zwischen Gesträuchen und Bäumen wild hervor.

Ein schwerer Basalt lieh auch hier der Lava seinen Stoff. Sie ist basaltschwarz, dunkelbraun, porös, rissig; zuweilen trifft man sie ziegelroth an und schwammähnlich. In grössern ziemlich glatten Blasenlöchern derselben sieht man stahlgraue glänzende, Eisenschlacken gleiche, Warzen mit rundlicher Spitze und breiterer Wurzel.

Auf der Brohl liegt der Duckstein in ungeheuern Haufen aufgethürmt, und von hier wird er und der Trass vorzüglich den Rhein hinab nach Holland geführt.

Der Tuf- oder Duckstein findet sich in einem Bezirk von drei Stunden Länge und fast derselben Breite zwischen den Flüssen Nette nach Süd, der Aar nach Nord, <157> dem Rheine nach Ost und den Eifeler Gebirgen nach West eingeschlossen; besonders bei Pleit, Cretz, Cruft, Tönnestein, Heilbrunn, Kell, Brohl, Burgbrohl, Wehr, Ollbrück u.s.w. – Bei der Brohl und in der Nachbarschaft hat er sich in die Thäler an den Fuss der dortigen Thonschieferberge muldenförmig angelegt, so nämlich, dass er gegen ihr Ansteigendes ausspitzend zuläuft. In der Entfernung von vulkanischen Bergen, wo bloss

Thonschiefer vorkommt, hört er auf einmal auf. Zu Pleit, Cruft, Cretz liegt der Tufstein unter einer 8 – 14 Fuss dicken Oberfläche, die das herrlichste Getreide trägt. Dort ist das Lager derselben beiläufig von nämlicher Dicke, wie die Höhe der Oberfläche. Zu Brohl, Burgbrohl, Kell trifft man dagegen den Tufstein unter einer zuweilen 60 – 80 Fuss mächtigen Oberfläche an.

Man bearbeitet den Duckstein ungefähr auf folgende Weise: Man räumt, meist zur Winterszeit, die Oberfläche davon ab, und geht dann im Frühjahr an die eigentliche ‹158› Arbeit. Diese geschieht mit Bohren, Schiessen, Brechen und Loshauen auf die in allen Steinbrüchen bekannte Weise. Indessen nicht immer wird die Oberfläche weggeräumt; sondern man sprengt, wenn das Ducksteinlager die Mühe nicht vollkommen zu belohnen scheint, sich unter die Oberfläche hinein, und lässt den Berg sitzen, welches man das Kellersprengen nennt.

Ist man in eine Tiefe gekommen, wo man keinen Trass mehr antrifft; so macht man oft die Oeffnung wieder zu, und der Acker wird von neuem besäet. Zwischen Pleit und Cruft sieht man eine Menge solcher Oerter, wo sonst Oeffnungen von Trass gewesen sind. – Das Wort Trass kommt von dem holländischen Worte ›Tyrass‹ her, welches einen Kitt bedeutet.

Betrachtet man diesen Trass seiner Festigkeit nach, so ist er weder Erde noch Stein, er ist porös und leicht; seine Theile sind zusammenhängender als die Erden gewöhnlich ‹159› sind; er hat aber weder die Schwere, die Härte noch das Gewebe eines Steines. Je poröser er ist, desto mehr schätzt man ihn. Vorzüglich enthält er weissen oder braunen Bimstein; zerbrochene Stücke von schwarzbraunen Schlacken; blaue Verglasungen in sehr dünnen Körnern zuweilen; Stücke von einer grauen Verglasung; kleine zerbrochene Stücke von grünlichem Schiefer und Thonschiefer, der fein rothbraun ist, und weissen Glimmer führt: Körner von weissem dunkelm Quarz; Lamellen eines schwarzen Glimmers, zuweilen Schörl in kleinen schwarzen Krystallen; Stückchen von braunen quarzartigen oder thonigen Steinen, die grün oder blau sind; schwarze Körner ohne Form, die der Magnet anzieht; Nieren von einer Lava, die schwarz und schwer ist, durchdrungen von einer Menge noch schwärzerer Schörl-Crystallen, welche wie Steinkohlen glänzen. – Unbezweifelt also hat das Feuer an seiner Entstehung Antheil.

Diese Substanz wird in eigenen Mühlen zu Pulver gemacht. Sie gibt mit dem <160> Kalk einen Mörtel, der vorzüglich zu Gebäuden passt, die im Wasser zu stehen bestimmt sind.

[Fornich]

Drei Viertelstunden von Andernach {einer vormals kurkölnischen Stadt, die jetzt, wie die ganze Gegend der westlichen Rheinseite, von der hier die Rede ist, zum Rhein- und Mosel-Departement gehört} und eine Viertelstunde über der Brohl stromaufwärts liegt das Dorf Fornich. Nahe dabei liegt ein Berg mit Basaltsäulen, den man den Stürmer heisst. Diese Säulen liegen hier auf einer Länge von 380 Fuss, zuweilen 20 – 25 hoch, und 3 – 4 Fuss im Durchmesser ganz vertical, und haben eins von ihren Enden in die Erde verborgen. Sie sind so dicht aneinander geschlossen, dass man es schwer erkennen kann, dass diese Steinart säulenförmig ist; aber der perpendikuläre Bruch des Steines an diesem Berge, der rein und glatt ist, dann verschiedene regelmäßige und längliche Winkel, welche an diesem Bruche zu sehen sind, lassen <161> keinen Zweifel, dass diese Steine nur darum ganz glatt sind, weil sich die Basaltsäulen davon losgegeben haben. – Diese Basaltsäulen sind ächter Glasbasalt. Der glasig glänzenden Körner und Flecken sind in dem grau-schwarzen hornigen Grunde ungemein viele; sie machen zum Theil hervorragend bei ihrem feinsplitterigen, kleinen schaligen, auch wohl zartblätterigen Bruche das Ganze sehr merklich uneben. Bietet man die Stücke, die man von den festen Felsen abgeschlagen hat, durch das Bewegen in der Hand dem Auge unter verschiedenen Winkeln dar: so erscheint ein Theil dieser Körner schwarz, ein anderer beträchtlicherer bläulich, grünlich, nicht selten hochgelb und grünkiesfarbig. Dies Glänzende ist theils anomale Blende, bald gelblicher halb durchsichtiger Quarz.

So dicht der Fornicher Basalt im Ganzen ist; so porös zeigt er sich an andern Stellen, und zwar mehr an der West- als an der Ostseite. Die Zwischenräume <162> erreichen in seltenen Fällen die Ausdehnung einer Bohne. Mehrere dieser sind mit einem weissen mehligen Ueberzuge bestreut, der Feldspath in der Verwitterung ist.

An der nordöstlichen Seite der entblössten Basaltreihe, fast am Scheitel, findet man eine grosse unförmliche Schiefermasse, die über und unter sich {im letzten Falle irregulär} den ziemlich senkrecht gespaltenen, dem Auge dicht und unversehrt erscheinenden Basalt fest anliegen hat. Unter dem Basalt wird der Schiefer quarzig gebändert zum Theil unverändert, zum Theil porös, blasig, roth und schwarzbraun; darauf folgt eine Art von breccienähnlichen Lagen, dann Basalt. Die Ausdehnung dieser wie eingeschobenen Masse, misst dem mehr veränderten Gesteine nach 7 Fuss im Durchschnitte, obwohl man Spuren von auch noch merklicherm Brande, wohl auf ein und zwanzig Schritte wahrnimmt. – Die schieferähnliche Steinart, wo sie am wenigsten litt, zeigt die treffendste <163> Gleichheit mit einer bei'm Kunzberge befindlichen Band-Jaspis-Nuancirung. Wo die Hitze schon stärker gewirkt hat; da haben die bläulich und weissgrauen, zuweilen schwach wellenförmig gebogenen Bänder schon ihre Farbe erhalten, werden mit zarten Löchern, wie durchstochen wahrgenommen, und das Ganze ist merklich leichter. Zuletzt geht dies alles in eine offenbar löcherige, verschiedentlich gefärbte, hauptsächlich schwarze, graue, rothbraune und schmutzige Erdschlacke über.

Nordwestlich mit dem Fornicher Gebirge verbindet sich der Kranenberg, von welchem Andernach südöstlich liegt. Er steht nahe am Rhein, und hat an der Ostseite verschiedene Schieferbänke, gegen Süd einschiessend, zu Tage stehen. Seine Höhe mag 300 Fuss betragen. Er macht eine Plattform von drei Viertelstunden. – Ueber der ganzen drei bis vier Fuss mächtigen Kieselgrusfläche findet sich Bimstein.

164

Noch ist hier des Betrachtens werth die seltsame vielfach wellenförmig gekrümmt Parthie in einem Thonschieferberge, hart bei der Landstrasse angebrochen, nahe bei Andernach, etwas über der Rheininsel, die das Krumme Wehrt heisst.

Südwestlich von der Brohl, allenfalls einen Büchsenschuss weit davon, befindet sich eine auflässige Kupfergrube. Der Eyberg nämlich zeigt verschiedene Berghalden als Ueberreste des ehemaligen Betriebs auf einem Gang, der seine Erzmittel bloss nesterweise soll geschüttet haben, und mit den hier einbrechenden Erzarten sich ganz zur Virnenberger Formation zu verhalten scheint; wenigstens findet man noch in den Halden Kupferglanz, Kupferziegelerz, Kupferlasur, Kupfergrün etc. – Ehemals hat eine Kupferhütte hierauf bestanden; dennoch aber soll die Erzförderung hier nie von besonderm Belange gewesen seyn. Indessen vernehme ich eben, dass dies Bergwerk jetzt wieder von einer Gesellschaft in Betrieb genommen wird. <165> Von Brohl geht die Landstrasse durch Breisig, Sinzig, Remagen {drei kleine Städtchen} das letzte ist eine ehemalige römische Kolonienstätte. Auf diesem Wege, den die Römer unter den Kaisern Marc Aurel und Lucius Verus anlegten, findet man, je weiter man kommt, desto häufiger den Gebrauch des Säulenbasaltes. Man bedient sich desselben auf den Landstrassen zu Eck- und Grenzsteinen; beim Bauen der Brücken und der Thoren ist er auch fast allerwärts angebracht. In allen diesen Gegenden wird er überall mit dem Namen Unkelstein bezeichnet. Mit jedem Schritte werden auf diesem Wege die Spuren des Basalts immer häufiger – von Sinzig aus, wo man über die Ahr kommt, fangen die Berge, welche den Rhein besetzen, an immer höher zu werden. Bei Remagen, welches eine Stunde von Sinzig liegt, sieht man deutlich, dass man der Quelle des Basalts immer näher kommt. Herr Collini bemerkt richtig, dass hier fast kein Haus ist, vor welchem nicht ein Stück Basalt <166> liegen sollte. Die Gassen sind schon mit diesen Steinen bepflastert, wie man es nachher auch in Bonn, Köln etc. antrifft. Von Remagen bis Oberwinter rechnet man eine Stunde, und dieser Weg ist mit einer grossen Anzahl Weichsteinen besetzt, die alle Basaltsäulen sind. Eine Viertelstunde früher, ehe man auf Oberwinter kommt, {der Stadt Unkel, die auf dem rechten Rheinufer liegt, gegenüber} findet man einen Berg, der einen unerschöpflichen Vorrath von grossen Basalten enthält. Den niederen

Theil dieses Berges, der auf die Hauptstrasse fällt, bekleiden Weinstöcke; der Rücken und die Spitze dieses Berges tragen aber Büschwerk. Befindet man sich auf der grossen Hauptstrasse; so sieht man keinen Basalt. Ein enger Weg zwischen Hügeln führt erst dahin; doch kann man auch mit beladenen Wagen bequem ein- und ausfahren. – Nachdem man in einer gewissen Entfernung auf diesen Berg von einem sanften, aber ungleichen Abhange gestiegen ist; so stellt er sich auf einmal, wie ein Amphitheater <167> vor Augen. Von einer Entfernung zur andern sieht man erstaunliche Haufen Basaltsäulen, die wie die Scheiden in einem grossen und hohen Holzhofe über einander gehäuft sind. Die ganze Fläche des Steinbruches, welche von unten betrachtet, die Seite des Hügels auszumachen scheint, zeigt nur Durchschnitte von Basaltsäulen, an denen man schon lange arbeitet, um Pflastersteine auszubrechen, welche den Rhein hinab geführt werden. Man bemerkt darin, dass die verschiedenen länglichen Seiten einer jeden Säule genau an eben so viel gleiche Seiten andrer Säulen anschiessen; so dass man eine dieser Säulen gar leicht von der andern hinweg nehmen kann. Auch scheinen sie alle horizontal von Morgen gegen Abend zu liegen. – So sieht aber dieser Basaltberg bei dem ersten Anblick nur aus; wenn man ihn aber genauer betrachtet; so sieht man, dass in der Art und Weise, wie diese Säulen gestellt sind, gar nichts beständiges zu finden ist. Unter den verschiedenen Haufen gibt es solche, die sich <168> mehr oder weniger horizontal neigen; auch sind die zwei Spitzen der Säulen nicht allzeit von Morgen gegen Abend gelegt; sondern sie haben auch eine entgegengesetzte Richtung. Es gibt ihrer, welche sich der Länge nach mit ihren Nebenseiten sehen lassen. Es gibt sogar solche, welche sich fast in einer

Vertikallage befinden. – Diese Basaltsäulen sind schwarz, sehr hart und von einer beträchtlichen Schwere. – Er gibt mit dem Stahle Funken. Bei dem Fahren der Wägen über das Steinpflaster von Bonn und Köln in der Nacht sieht man sie sehr häufig. – Man will beobachtet haben, dass die Säulen, die gegen einander geneigt stehen, weicher, schlecht und jederzeit trocken seyen; da die andern hingegen, selbst bei trocknem Wetter, feucht befunden werden, wenn man sie durchschlägt. – Gar nicht selten finden sich in den Säulen beim Durchsetzen Löcher verschiedener Grösse bis zu der eines Eyes, in denen helles Wasser ist. – Zuweilen finden sich Löcher und Klüfte zwischen ‹169› den Pfeilern, ans denen stets eine kalte Luft dringt: – das soll Anzeige auf gute Steine geben.

Der hiesige Basalt ist wahrer Glasbasalt. Er enthält kleine glänzende Krystallen, die noch schwärzer sind, als der Stein selbst; auch viele grüne oder gelbe Chrysolithkörner in verschiedener Grösse. Uebrigens ist er ziemlich fein körnig. In seinem Bruche findet man einige schielende Häutchen, welche glänzen; je nachdem der Stein eine Lage gegen das Licht bekommt. Diese Prismen haben gemeiniglich fünf ungleiche Ecken; es gibt aber auch solche, die ihrer sechs haben. Die seltensten sind diejenigen, die ihrer nur vier haben. Ihre Stärke ist verschieden. Es gibt Pfeiler von einem halben Fuss bis zu zwei Fuss, und selbst noch drüber, {was aber selten ist} im Durchschnitte.

Die Nachbarschaft des Unkeler Basaltes ist Thonschiefer, und an den Seiten des Bruches steht das nämliche Gestein an. ‹170› Der hiesige Basalt wird von einem dreissig auch vierzig Fuss mächtigen Lager überdeckt. Dieses Lager besteht aus einem sandigen Mergelgrunde von grau- oder blassochergelber Farbe. Er ist leicht, mager und etwas rauh anzufühlen. viele kleine Thonschieferstücke von verschiedenen Farben und kleine Blättchen, die theils Feldspath, theils Glimmer, theils Quarz sind, finden sich darin.

Man trifft in diesem Fossil zuweilen Zähne, Knochen u.d.gl. an. Man hat darin einmal einen Zahn vom Rhinoceros gefunden.

[Unkelsteine]

Die Basaltsäulen erstrecken sich aus diesem Bruche unter der Erde bis in den Rhein; denn wenn man von diesem Berge an das linke Ufer des Flusses, Unkel gegen über, herunter geht; so ist das Ufer mit dergleichen Säulen, die aneinander stossen, und die vertikal oder ein wenig abhängend liegen, besetzt; das unterste Ende aber ist in die Erde oder das Bett des Flusses <171> eingesenkt: die horizontale Abschnitte dieser Säulen sieht man unter dem Wasser, wenn es niedrig ist. Es gab andere, die sich über das Wasser erhoben, und sich auf verschiedene Weise vereiniget oder an einander gefügt hatten, auf deren Obertheil man in den Fluss gehen konnte; ihre obersten Spitzen waren abgebrochen in verschiedenen Höhen. Vorzüglich waren zwei Gruppen von ihnen interessant: die eine bestand aus einer grossen Anzahl solcher Säulen, die sich über das Wasser wie Orgelpfeifen erhoben. Sie stand ganz allein, und erstreckte sich bis auf 55 Schuh in den Rhein. Dieser Haufe war den Einwohnern und Schiffern unter dem Namen des Unkelsteins bekannt. Die andere, die nicht so gross ist, hängt mit den übrigen Säulen, die am Ufer hinlaufen, zusammen. Die Säulen eines jeden dieser zwei Haufen neigten sich in einer entgegengesetzten Richtung, eine gegen die andere, und zwar so, dass die

Neigung der Säulen des einen Haufens sich gegen die entgegengesetzte so lenkte, <172> dass, wenn sie grösser gewesen wären, sie sich durchkreuzt haben müssten.

Die Französische Regierung hat vor einigen Jahren hievon alles das, was der Schifffahrt hinderlich war, {und bekanntlich war der grössere Unkelstein bei hohem Wasser nicht selten sehr gefährlich} zerstören lassen.

Die ganze Gegend, ungefähr bis mitten in den Rhein, ist ganz mit Basalten bepflastert. Hievon stehen einige gerade, einige schief, einige sind dicht am Boden abgebrochen; einige haben einen grossen, andere einen kleinen Durchmesser. Unter den dicht am Boden abgebrochenen sind einige so artig und so fest aneinander gefügt, dass es die Hand des geschicktesten Künstlers kaum besser gekonnt hätte.

Man will bei sehr trocknem Sommer, wo der Rhein ungewöhnlich niedrig war, die {nicht unwahrscheinliche} Beobachtung gemacht haben, dass die Basaltpfeiler im Rheine – auf Thonschiefer stehen. <173> Eine halbe Viertelstunde von diesem Bruche abwärts, nach Oberwinter zu, südöstlich vom letzten Orte, befindet sich eine Schlucht, durch das Zusammenlaufen zweier Thonschieferberge gebildet, die auf dem Plütting heisst. Hier wurde im J. 1788 ein Weinberg angelegt, und man fand bei dem, in einem solchen Falle nöthigen, Umwühlen bis auf eine gewisse Tiefe im Festen – Granitporphyr von grauer Farbe. Eine Abart zeigte den Feldspath in beträchtlich grossen Tafeln. Auch fand man hier Stücke stark verwitterter, oft fast unkenntlich gewordener, ochergelb gefärbter Porphyrbrocken durch weissen oder grauen, zuweilen krystallinischen Kalkspath oder Sinter zusammen gekittet.

Einen Büchsenschuss westlich von Oberwinter bei der Holzpforte entspringt aus dem Schiefergebirge ein Wasser, das hineingeworfene Dinge mit einem weissgrauen Kalksinter überzieht. – Geht man von Oberwinter aus nordwestlich der Landstrasse nach den Rhein hinab; so behält man die <174> gewöhnliche Gebirgskette, die sich weit über Oberwinter hinauf und davon herab zieht, nahe zur linken Hand. Das Meiste ist hier Thonschiefer; und so erhält es sich auch mit den Weinbergen, die von dem Orte aus zu rechnen hinablaufen, mit der Brunnen Haart, der Haart, dem Sperrbaums-, Friedrichs- und Flossenberge. – Neben den beiden letztgenannten, keine halbe Viertelstunde weit von Oberwinter, nähert sich das Gebirge, das bisher die Form des ausgehölten Theils eines Zirkelabschnitts darstellte, etwas der Landstrasse, und bildet eine bebuschte Erhöhung, {die Bötzenkaule} der Basalt hat. Unter ihr grünt wieder der Weinstock, der aber von einer andern basaltischen Stelle an dem Gehänge dieses Berges, vom Schieferbusche, wiewohl nicht lange unterbrochen wird: denn tiefer unten bis an die Chaussée bleibt alles Weinberg. – Hinter dieser Bötzenkaule fällt das Gebirge wieder etwas landwärts zurück, und, erhebt sich aus einer schräge anlaufenden Mulde, in der ein Wässerchen rieselt, <175> am Ueberstein, zum beiläufig eben so hohen bloss bebuschten basaltischen Steinskopf, aus welchem etwa 50 Fuss tiefer ein kleines Küppchen, das Heldenköpfchen hervorragt. – Noch weiter unten beginnt mit Weinreben besetzt der Ueber Steinsberg, und von ihm ab läuft gegen die Strasse zu der Heldenberg.

Der Basalt des Schieferbusches und des Steinkopfes nähert sich dem Hornquarzigen, und führt ausser sehr kleiner Blende, Chrysolith, einzelnen weisslichen Quarzstückchen und kleinen Speckstein-

Nierchen, oft graugelbe, rundliche oder längliche, fein-zellig ausgehölte, ziemlich harte Körner von höchstens zwei Linien Grösse. Sie brausen dann und wann ein wenig mit Säuren. Die meist sehr kleinen weissen durchscheinenden Nierchen, die diesem Basalt noch eingemengt sind, werden viel häufiger in dem sonst eben so beschaffenen Basalte der Bötzenkaule, zum Theil auch des Heldenköpfchens. Sie sind Kalkspath, und fallen zuweilen in das Graue oder Bläuliche. <176> Am Heldenköpfchen unten, nach dem Ueber Steinsberge und dem Heldenberge zu, findet sich ein ziemlich dunkel-bläulichgraues Gestein matt, erdig, von einer erhärteten Thonmasse, mit wenig Glimmer und wenig schwarzer Blende; wie auch etliche grüngelbe citrinähnliche Feldspathkörner und eine zahllose Menge blätterreichen Kalksteins.

Unter diesem Mandelstein findet sich endlich im Festen und los in den Weinbergen Granitporphyr von hell-bläulichgrauer Farbe.

[Rolandseck]

Von hier kommt man in einer Viertelstunde zum Rolandseck, und etwas früher noch erscheinen die demselben nahen, im Rheine befindlichen Inseln, wovon eine des darauf befindlichen, jetzt aufgehobenen Klosters wegen Nonnenwehrt; die andere das Grafenwehrt; die dritte, die man nur bei sehr niedrigem Wasser sieht, das Oberwinterer Wehrt heisst. Der Boden dieser Inseln besteht aus Thonschiefer, worauf sich Kieselgruss aufgehäuft, und so diese Inseln <177> gebildet hat. Von dem Basalte, den man darauf antrifft, scheint es, dass er von den benachbarten Bergen dahin geführt worden ist, um an einigen Stellen ein haltbares Ufer zu machen.

Die Pfeiler des bis tief in's Thal basaltischen Rolandsecks stehen dem Rheingestade zu entblösst da, seiger, schräge oder gehoben einschiessend. Von den übrigen Seiten ist alles bebuscht. Oben sind Trümmer eines alten Schlosses, welches Kurfürst Friedrich I. von Köln, der das Kloster auf dem Nonnenwerthe im Jahr 1120 gestiftet, wie man meistens behauptet, auch gebaut haben soll. Einige behaupten, dies Schloss sey schon in dieser Zeit ganz zerfallen gewesen, und er habe es bloss wieder in den Stand gesetzt. Nach deren Meinung wurde dies Schloss schon im Jahre 368 vom Kaiser Valentinian, wie viele andere Bergschlösser auf beiden Rheinufern erbaut, um sich vor den Anfällen der Deutschen zu schützen. <178>

An seinem Fusse liegt ein kleines Dörfchen. – Die ganze Gegend ist über alle Beschreibung mahlerisch schön. – Die Insel mag ungefähr 160 Quadratmorgen halten, wovon ungefähr 60 Morgen zu Ackerland gebraucht werden. Der übrige Raum wird zu Garten, Wein, Baumgärten und Wiesen benutzt.

Das Grafenwehrt ist ungefähr 60 Quadratmorgen gross. – Zwischen beiden Inseln fliesst der Rhein mit einem so starke Strome, dass die Schiffe, die zwischen durchfahren, der Hilfe des Ruders nicht bedürfen.

Man kann das Rolandseck zum Theil auf dem Fuhrwege, der neben ihm über westlich gelegenes sandsteinschieferiges Gebirge hinführt, in einer Art von Schlangenlinie hinansteigen. Links führt ein Fusssteig durch eine bebuschte Schlucht vollends dahin. – Kehrt man in dem Fuhrwege zurück, und verfolgt denselben westlich; so kommt man auf Quarzgeschiebe und <179> Sand; und es eröffnet sich eine Aussicht auf ein sanftes, wellenförmiges Flötzgebirge.

[Adendorf, Tomburg etc.]

Von hier ging ich wieder zurück nach Oberwinter, und von da südwestlich, bei Oedingen {das eine halbe Viertelstunde nördlich liegen bleibt, und wo, wie in der Züllichhofer- und Bürresdorfer-Gemarkung sich Braunkohlen finden} vorüber, fünf Viertelstunde weit nach Arzdorf: indess man eine Viertelstunde davon links Fritzdorf hat. Auf diesem Wege finden sich allenthalben braunrothe eisenthonige, etwas glimmerige Sandsteine. Hinter Arzdorf westlich, nahe dabei, findet sich auf einer südöstlich zur Holzheimer Fläche ablaufenden Anhöhe ein Basaltbruch von fünf- bis sechsseitigen und eben so viel Fuss langen Pfeilern, die nichts Ausgezeichnetes haben. – Nordwestlich nach Adendorf, eine halbe Stunde, wo hinter, einen Büchsenschuss weit ab, die Erdkaulen sind, aus deren gräulich weissen Pfeifen- oder Töpfer-Thon allerlei irdenes Geschirr gebrannt und bis <180> Köln, Müllheim u.s.w. verführt wird. – Von da in nämlicher Richtung eine Viertelstunde bis Münchhausen, einem Wiesensumpfe zu, drei Viertelstunden im Umkreise, wo schwarzer Torf gegraben, getrocknet, zu Asche gebrannt und als Dung über die Kornfelder gestreut wird. – Nordwestlich über schieferiges, weissthoniges Land nach Ittendorf, hinter welchem gelbbrauner, auf den Klüften schwarzer, und dann bisweilen metallisch glänzender eisenschüssiger glimmericher Sandstein getroffen wird, der hier jedoch stark zum Schieferigen übergeht. – Der hinter Ittendorf westlich gelegene Domberg [=Tomburg] ist ein isolirter, niedrig bebuschter, etwa hundert und fünfzig Fuss hoher Berg, auf dessen Gipfel ein verfallenes Schloss stellt, dessen Thurm hundert Fuss betragen mag. – Um ihn her liegen Fruchtfelder, die nördliche Seite abgerechnet, die an einen Wald grenzt. – Südöstlich steht ein harter, schwarzgrauer Hornbasalt an, der im Kleinern feinsplitterig, in diesen Splittern grauweiss durchscheinend ist, <181> und dieserhalb sowohl als seines im Grössern mehr schaligen als grobsplitterigen Bruchs, wie der abwechselnd dichtem dunklem, und splitterigen hellern Stellen wegen, dem sandigen Rückersberger Basalt nahe kommt, auch mit diesem ungefähr gleichen Inhalts ist.

[Röttgen]

Vom Domberge nordöstlich, eine halbe Stunde wieder zurück, nach Wurmersdorf, und {eine halbe Stunde} bis Meckenheim, über Kiesel und Sandflötze. durch einen Wald bis nach dem Röttchen {zwei Stunden} wo ein {ehedem} prächtiges Kurfürstliches Jagdschloss stand, dessen Trümmer so eben verkauft worden sind. – Von hier ist es noch eine gute Viertelstunde bis Ippendorf. Dieser Weg führt an einer Anhöhe vorbei, welche rechts liegt, die oben mit zehn Fuss Kieselgruss und gelben eisenschüssigen Sandstein bedeckt ist, worin schuppige Schalen, Knoten und unbestimmbar geformte Stücke eines gelben, bald fetten, bald sandigen Thons getroffen werden. – Am Fusse dieser <182> Höhe, die sich eine Stunde weit dem Rheine zu vertieft, {in dieser Vertiefung gräbt man Thon} findet sich Quellwasser. – Von Ippendorf nach Kreuzberg {einem Kloster mit einer prächtigen Kirche und einer so genannten Heiligen Treppe von Marmor} einen tiefen Hohlweg hindurch, worin zwanzig Fuss hoch Mergelerde ansteht, nach Poppelsdorf, östlich über das niedrige Gebirge, dessen Fuss aus Thonschiefer, die Höhe aus feinkörnigen braunen, etwas glimmerigen, sehr thonigen Sandsteinschiefer besteht, der bisweilen mit Quarzschnürchen durchsetzt ist, auch wohl in einen braungrauen mehr Schieferthon als Thonschiefer übergeht. – Von da nach Kessenich, eine Viertelstunde mehr südlich, Dottendorf, Friesdorf {jedes eine kleine Viertelstunde von einander}, über einen Rücken, von welchem der Godesberg eine halbe Stunde links nach Ost abliegt, und mit dem er sich südwestlich verbindet, zu dem Kloster Marienforst, dessen Stifter den {natürlichen} Einfall hatte, Mönche und Nonnen <183> miteinander {es ersteht, sich, geistlicher Weise} zu vereinigen. – Dieser Rücken hat dem Godesberger {wovon hernach} ganz gleichen Basalt, zwar nicht regelmässig geformt, doch im Ganzen anstehend. – Dem Godesberger Bach hinauf zu, wieder zurück, westlich durch ein angenehmes Thal bis Goudenau. Am südlichen Ufer dieses Baches sieht man Thon und Schiefer, am nördlichen hingegen Basalt, der demnach vom Marienforster Rücken bis gegen Arzdorf fortzustreichen scheint. Von Goudenau eine halbe Stunde südöstlich auf den bebuschten, plattgedrückten Wachtberg, an dessen südwestlicher Seite ein alter Basaltbruch ist. Auch hier sind die ungeformten Massen vom Teig und Inhalt dem Godesberger Basalte gleich. – Ueber eisenschüssigen Thonschiefer östlich eine Viertelstunde auf Odenhausen. – Von da ging es zum Birkenheimer Steinbruch.– Dieser Berg steift sanft an, ragt nicht hoch empor, unterscheidet sich aber von den umher befindlichen niedrigem Höhen, und wegen der an seiner Mittagseite <184> durch das Steinbrechen entblössten weissen Stelle von andern hinreichend. Auch gewährt er eine freie Aussicht zum Sieben-Gebirge. – Sein weissgraues Gestein schiesst in irregulär weggebrochenen dicken Säulenähnlichen Massen fast seiger ein; nur zuweilen scheinen sie von Nordost gegen Südwest etwas schräge sich hinzuneigen. Auf der Oberfläche sind sie oft ochergelb überlaufen und mit wenigen Querspalten durchsetzt. Dies Gestein hat mit den Steinbrüchen des Stenzelberges oder der Wolkenburg, des Drachenfelses in Allem äusserst viel ähnliches; wird auch als Haustein verarbeitet, und hat sogar Vorzüge vor manchem auf der östlichen Rheinseite. – Von hier ging es nochmals nach Oberwinter. –

[Rodderberg]

Wenn man von Oberwinter aus über Rolands-Eck eine Viertelstunde hinaus ist, und man wendet sich nun am Rheinufer nordwestlich; so erreicht man, indem es über Felder mit Schieferstücken und Quarzkieseln besäet hingeht, in einer Viertelstunde <185> den sehr merkwürdigen Rodderberg. Er hat die Gestalt einer verflachten Anhöhe, die nördlich und südwestlich zwei unbeträchtliche Auswüchse zeigt. Westlich macht er sein Gehänge gegen Bachem zu, welches etwa 200 Fuss tiefer im Thale liegt. Diese Anhöhe mit den zwei gegen über stehenden Erhöhungen bildet einen kreisförmigen Kranz, mit einer Vertiefung von etwa hundert Fuss senkrecht und fünf Viertelstunden im Umkreise. In ihrer Mitte liegt der Bruckhof, wobei sich ein Sumpf vorfindet. Ausser dem Rande trifft man auch rings umher schlackiges Gebirge in mannigfaltigen Aufhäufungen; besonders am westlichen Abhange, wo auch Spuren von einigen Höhlen sind, aus denen vielleicht die geschmolzene Masse herausgeflossen seyn mag; obgleich der Kranz ohnehin gegen Nordwestnord und gegen Ost zwei andere Oeffnungen darstellt.

Im bebauten Felde auf den dünnbegrasten Stellen, aller Orten, finden sich hier <186> Schlacken mit Dammerde und überflötzten

Kieselgruss gemengt. Au der Südostseite des Randes ist die Wand eines Felsens zehn bis zwölf Fuss entblösst, der auch Schlacken zeigt, und zwar ungleich gebrannte, geschichtet und lagerähnlich. Durch die Arbeit in den Weingärten {denn an der Süd- und Südwestseite ist er mit Weinreben bepflanzt}, sind mehrere Haufen Schlacken zu Tage gefördert worden. Man bildet hier unter Breccien von Halblava mit roththonigem Kitte zusammen verbunden; Stücke von schwarzer stark gebrannter Schlacke; Thonschiefer roth gebrannt und ächtes Email.

An der nördlichen Oeffnung des Rodderberger Kranzes zeigt sich kieselartiges Flötz und Schiefergebirge. Letztes streicht Ost gegen West, und macht seine Tonnlage gegen Nordost der Vertiefung zu. Darinnen, {d. h. angeschwemmt, nicht den Thonschiefer unterteufend} findet man eine lichtbraungraue, mürbe Breccie. Ein magerer Kitt, vielleicht aus der zermalmten, vom Wasser hieher geschlämmten Lava <187> entstanden, hält Feldspathstückchen, einige Glimmerblättchen und Quarzstücke; eine Menge runder Bröckchen von Basaltlava, die zum Theil Thon- und Feldspathschiefer zu seyn scheinen. – Am nordwestlichen Fusse des Rodderberges beim Nesselhofe vorbei über einen Berg, in Viertelstündiger Entfernung, unter etwa sechs Fuss hoher Mergelerde trifft man in einem engen Schlucht etwas ähnliches an.

Von dieser Stelle nordwestlich, einen Büchsenschuss ab, kommt man zu einem andern nach Ost laufenden, gegen vierzig Fuss tiefen, wohl fünf bis sechs hundert Schritt langen Schlund, der meist aus Mergelerde besteht und darin seltsam geformte Osteocolla ähnliche Stücke führt, von etlichen Zoll, bis mehrere Fuss gross, die man hier Mergelkindcher nennt. – Unter dieser Mergelart liegt eine mürbe, bald grobe, bald feinere Breccie von Basalt, nebst einigen kenntlichen Lavabrocken mit bräunlichgelben Basaltthon zusammen verbunden. Diese Breccie kommt auch auf einer Anhöhe <188> westlich vom Rodderberge nahe bei ihm, in zwanzig Fuss hoher Mächtigkeit vor; bei'm Fortgehen finden sich lose Stücke eines weissgrauen auf den Klüften ochergelben grauwackigen Gesteins. Weiter trifft man unter dieser Mergelerde ein mehrere Fuss hohes Flötz, das seine Tonnlage dem Rheine zu macht und aus schwarzbraunen schwammigen vollkommenen Schlacken besteht. – In dem Mergel befinden sich zuweilen Fragmente von kleinen Süsswasser-Schnecken, zum Helix Geschlechte gehörig. An einer andern Stelle findet man häufig schwarzbraune kleine Glimmerblättchen, die hier Fischschuppen genannt und von der Sündfluth hergeleitet werden.

Von hier ging es auf Mehlem, und von da über Lannesdorf und Muffendorf. Auf diesem Wege sieht man Links vom Wege ab eine etwas eingesunkene, zweifach abgesetzte, oben auf stark belaubte, an dem Gehänge mit Weinstöcken bepflanzte Kuppe, {den Lühnsberg} sich erheben. Sein Gestein ist Basalt, im Kleinen feinsplitterig, im Grossen <189> grobsplitterig zum Unebenen übergehend, auch wohl breit und dickschalig. Ausser dem findet man grössere halb und ganzzöllige Quarzstücke; bläulich, braungelben Feldspath; dann kleine körnige Gemenge aus Feldspath, Quarz, etwas grüner Blende, inselförmigen weißen Kalkspath mit braunen Rändern; und braune pechsteinartige Nieren; kurz – es ist ein harter hornquarziger Basalt.

[Godesberg]

Nach einer halben Stunde von hier erreicht man den Godesberg; er steht von drei Seiten isolirt. Nur südwestlich verzieht er sich mit einem niedrigen Rücken nach Marienforst, ist hier und da steil, kegelförmig, zum Theil bebuscht, am Gehänge auch wohl mit Weinstöcken bebaut. Er schiebt sich der Landstrasse so sehr zu, dass man ihn von da aus weit her und lange sehen kann.

Schon in dem Bache, der bei dem am nordöstlichen Fusse dieses Berges liegenden Dorfe Godesberg hinfliesst, findet man Basaltgeschiebe. Am Berge selbst ist diese <190> Gebirgsart in irregulären Pfeilern, bereits am untern Gehänge sichtbar, zu Tage ausstehend. – Der Basalt gleicht dem eben beschriebenen Lühnsberger; jedoch sieht man hier zuweilen häufigere Chrysolithkörner. – Südlich einen Büchsenschuss weit von dem Berge ab befindet sich ein Mineralbrunnen. Der letzte Kurfürst von Köln hat diese Quelle wegen und in Hinsicht der ganz romantischen Gegend überaus kostbare und schöne Anlagen hier gemacht, die wahrscheinlich noch ausgedehnter würden geworden seyn, wenn ihn der Krieg nicht überrascht hätte. Er hat einen dem Mineralbrunnen zu nahen Bach in ein anderes Bett geleitet; eine waldige Wildniss zu Alleen umgeformt, und kurz, das Ganze mit sehr bedeutenden Kosten auf die mannigfaltigste Weise verschönert. – Dieser Brunnen hatte nicht lange nach seinem Entstehen ein eigenes Schicksal, dessen Erzählung hier zu weitläufig wäre. –Er ist nicht mehr der vormals aus vierzehn Quellen bestehende, und von mir untersuchte Brunnen. Er <191> besteht {seit dem May 1790} jetzt aus zwei Quellen, und einige Schritte von seiner vormaligen Stelle ab. – Den jetzigen untersuchte mein Freund Herr Pickel in Würzburg.

Oben trägt der Godesbergs für die Bewohner der hiesigen Gegenden, sehr merkwürdige Ruinen. – Die perpendiculäre Höhe dieses Berges beträgt mit denselben ungefähr 277 Fuss. –Dies feste Schloss baute Kurfürst Theoderich schon im J. 1210, um sich gegen päbstliche Gewalttätigkeiten und das Eindringen seines zweiten Vorfahrs zu schützen. – Hier war der letzte feste Ort, den Kurfürst Gebhard, der die reformirte Religion einführen wollte, und die berühmte Gräfin Agnes vor Mansfeld heirathete, in seinen Staaten behauptete. Herzog Ferdinand von Bayern nahm diese Feste 1563[!] mit stürmender Hand ein und sprengte sie; und mit ihr waren alle Hoffnungen für Gebhard für immer verschwunden.

Aus einer ausgegrabenen Steinschrift erhellt, dass zu der Ubier Zeiten auf diesem kleinen Berge ein *Fanum*, dem Gotte Merkur, Godens oder Wodan geheiligt, gestanden habe, woher also der Namen Godesberg seinen Ursprung leitet.

Die Aussicht auf diesem Berge ist eine der vortrefflichsten dieser ganzen Gegend. – Von hier ist der Weg nach Bonn bezaubernd. – Man hat zur Linken das niedrige landeinwärts gegen Poppelsdorf und Kreuzberg hinziehende Gebirge, dessen Fuss mehrere Dörfer in <192> niedlicher Reihe gelagert verschönert; zur Rechten seines Namens Stolz – den Rhein, an dessen jenseitigem Ufer das Siebengebirge seine der Zeit trotzende Gipfel mit Majestät emporhebt. – Nirgends erblickt das Auge auf dieser Ebene etwas ödes oder unbebautes. Ueberall hier Segen der Natur in geschwisterlicher Eintracht mit dem Fleisse der Kunst. – Eine starke Viertelstunde von Godesbergs und noch eine Stunde bis Bonn trifft man das hohe Kreuz in der Landstrasse an; ein Monument im gothischen Geschmacke, wovon man {zuverlässig ohne Grund} behauptet, dass hier der Marktplatz des ältern Bonns gewesen sey; wovon aber eine andere eben so wenig zuverlässige Legende sagt, dass ein sicherer von Hochkirchen auf dieser Stelle einen Ritter im Duell erstochen habe, und zur Strafe dies Monument habe errichten lassen müssen. – Es ist von Drachenfelser Steinen erbaut, ist viereckig und hat drei Absätze mit einer Spitze, worauf ein Kreuz steht. Jeder Absatz hat vier Nischen. In jeder Nische stand ein Heiliger, der nun oder nicht mehr da oder doch verstümmelt ist – Nach der Bauart zu schliessen, hat dies Monument gewiss schon 400 bis 500 Jahre gestanden.

Von hier führt der Weg immer an der Seite eines mit schattigen Bäumen bepflanzten Baches bis zu dem – in so mancher Hinsicht, und selbst in Rücksicht seiner erlittenen Unglücksfälle interessanten **Bonn**.

Anhang

[Joseph Wurzer in seinen Erinnerungen[11]:]

Mein Bruder Ferdinand hatte bereits Herbst 1783 das väterliche Haus verlassen und sich dem Studium der Medizin gewidmet. Zu diesem Zwecke hatte er ein Jahr in Heidelberg, zwei Jahre in Würzburg, ein Jahr in Göttingen studiert und von Herbst bis zum Mai 1788 Wien besucht. Sommer 1788 kehrte er nach Bonn zurück, fand daselbst die medizinische Fakultät vor, machte ein sehr glänzendes Examen und promovierte im Herbst 1788. Vorderhand blieb er bei uns im Hause, nachdem er *veniam praedicandi* von der Regierung, als der oberen Medicinalbehörde, erwirkt hatte.

Der Professor Dr. Kauhlen, dessen früher schon gedacht ist, war eigentlich gegen die Niederlassung meines Bruders in Bonn. Es gab dies zur Verhandlung Anlass, die der Kurfürst sich vorlegen liess und durch Marginalbemerkung erledigte: „Dass vor der Hand noch nicht bestimmt sey, aus wievielen Meistern, Gesellen und Lehrlingen die Innung des Medicinal-Personals in Bonn bestehen dürfe. " - Vorderhand widmete sich mein Bruder besonders seinen Privatstudien und nur nebenbei der medizinischen Praxis. Monatelang war er verstimmt, wenn einer seiner Patienten starb. Als 1782 der Lehrstuhl der Chemie errichtet und er zum Professor ernannt ward, machte er eine grosse Reise zu den bekanntesten Chemikern damaliger <156> Zeit, um dort

[11] (Lauterbach, 2015 S. 155 f).

die Einrichtung der Laboratorien usw. kennen zu lernen und die Resultate dieser Reise bei den zu treffenden Einrichtungen in Bonn zu benutzen.

Literaturverzeichnis

Cavitellius, Ludovicus. 1588. *Annales Cremonenses.* Cremona : s.n., 1588.

Collini, M. 1783. *Betrachtungen über die vulkanischen Berge.* Dresden : s.n., 1783.

Deluc, Jean-Andre. 1778-1780. *Lettres physiques et morales sur les montagnes, et sur l'histoire de la terre et de l'homme.* Den Haag : s.n., 1778-1780.

1839. *Eine Geburtszange. Glückwunsch zu der 50jährigen Doctorjubelfeier.* Marburg : s.n., 1839.

Faujas. 1796. Memoire sur la terre d'ombre ou terre brune de Cologne. *Journal des Mines.* Fructidor 1796, Bd. 2, S. 893 ff.

1838. *Ferdinand Wurzer Dr. der Medizin und Philospohie und seine Jubelfeier.* Marburg : s.n., 1838.

Funke. 1801. Analyse der Braunkohle von Stößgen bey Linz am Rhein. [Hrsg.] Johann Batholomä Trommsdorff. *Journal der Pharmacie für Aerzte, Apother und Chemisten.* 1801, S. 118 ff.

Gelenius, Aegidius. 1645. *De admiranda sacra et civili magnitudine Coloniae: Sacros et pios Fastos ...* Köln : Kalkovius, 1645. Bd. IV.

Graevius, Johann Georg. 1704. *Thesaurus antiquitatum et historiarum Italiae.* Leiden : Vander AA, 1704.

Hamilton. 1776. *Campi Flegrei.* Neapel : s.n., 1776.

Hemelarius, Joannes. 1627. *Imperaorum Romanorum ... numismata aurea.* Antwerpen : Belleri, 1627.

Lauterbach, Irene R., [Hrsg.]. 2015. *Drei Generationen Wurzer im 18. und 19. Jahrhundert. Die Autobiographien von Joseph und Ferdinand Alexander Wurzer.* Frankfurt/Main : Lang, 2015.

Morena, Otto. 1629. *Historia rerum Laudensium tempore Federici Aenobarbi caesaris.* [Hrsg.] S. Boldoni. Venedig : s.n., 1629.

Muratori, Ludovico Antonio. 1725. *Rerum Italicarum scriptores.* Mailand : societas palatina, 1725. Bd. 7.

—. 1723 ff. *Rerum italicarum scriptores ab anno aerae christianae 500 ad annunm 1500.* Mailand : s.n., 1723 ff.

Nose. 1789 f. *Orographische Briefe über das Siebengbirge ..., 2 Bde.* Frankfurt/Main : s.n., 1789 f.

Schwedt, Georg. 2015. *Ferdinand Wurzer und die Gründung des Godesberger Gesundbrunnens.* [Hrsg.] Verein für Heimatpflege und Heimatgeschichte. Bonn-Bad Godesberg : s.n., 2015.

Stosch/Picart. 1724. *Pierres antiques gravées.* Amsterdam : Picart, 1724.

Torre, Carlo. 1714. *Il Retratto di Milano, 3 Bände.* Mailand : Agnelli, 1714.

Wetzlar, Gustav. 1821. *Beiträge zur Kenntniß des menschlichen Harnes ... Mit einem Vorwort von F. Wurzer.* Frankfurt/Main : Hermann, 1821.

Wurzer, Ferdinand Alexander. 1831. *De Struma. Commentatio inauguralis.* Marburg : Bayrhoffer, 1831.

Wurzer, Ferdinand. 1804. *Bemerkungen über den Branntewein in politischer, technologischer und medicinischer Hinsicht.* Köln : Kauffmann, 1804.

—. **1801.** *Bericht an die mathematisch-physikalische Klasse des Nationalinstituts von Frankreich über den Runkelrüben-Zucker ...* Köln : Rommerskirchen, 1801.

—. **1829.** *Chemische Analyse wesentlich verschiedener Harnsteine ...* Marburg : s.n., 1829.

—. **1825.** *Die Mineralquellen zu Hofgeismar in Kurhesssen im Jahre 1825 ...* Marburg : Garthe, 1825.

—. **1805.** *Gedanken über die in Deutschland herrschende Theuerung.* Leipzig : Barth, 1805.

—. **1806.** *Handbuch der populären Chemie, zum Gebrauch bey Vorlesungen und Selbstbelehrung bestimmt.* Leipzig : Barth, 1806.

—. **1805.** *Taschenbuch zur Bereisung des Siebengebirges und der benachbarten ...* Köln : s.n., 1805.

—. **1805.** *Über das Gemeinnützige chemischer Kenntnisse. Ein Programm zur Ankündigung seiner Vorlesungen im Sommer 1805.* Marburg : Bayrhoffer, 1805.

Index

A

B

C

D

E

F

G

H

I

J

K

L

M

N

O

P

R

S

T